S.Deepak Reddy
B. Madhavi
M. Avinash

CÁLCULO NUMÉRICO PARA ANÁLISE DE TENSÕESDE ROLAMENTO DE MOENTE

S.Deepak Reddy
B. Madhavi
M. Avinash

CÁLCULO NUMÉRICO PARA ANÁLISE DE TENSÕESDE ROLAMENTO DE MOENTE

ScienciaScripts

RECONHECIMENTO

Sinto-me privilegiado e feliz por trabalhar sob a orientação do meu professor **Dr. B. Madhavi**, que me deu a oportunidade de realizar este projeto e me proporcionou aconselhamento profissional e inspiração criativa para o realizar e apresentar o trabalho a tempo. Estou muito grato pela orientação, pelo encorajamento entusiástico e pelas críticas úteis durante o planeamento e o desenvolvimento das minhas competências e deste projeto. As suas valiosas sugestões e a confiança que depositaram em mim, juntamente com o apoio constante dos meus pais, levaram-me a realizar este projeto com êxito.

AUTOR

S Deepak Reddy

ÍNDICE DE CONTEÚDOS

RESUMO

A produção industrial atual utiliza equipamentos que rodam a alta velocidade e suportam grandes cargas do rotor. Os casquilhos de filme fluido são utilizados numa aplicação deste tipo. A chumaceira de um moente de película fluida é uma caraterística mecânica concebida para suportar uma carga elevada, permitindo simultaneamente o movimento relativo entre a superfície do moente e a chumaceira. A chumaceira de filme fluido é frequentemente referida como a chumaceira em papéis hidrodinâmicos. O munhão e a parede da chumaceira são divididos entre espaços livres por uma película de fluido que é adicionada.

Foram simulados modelos tridimensionais utilizando o pacote de software ANSYS Fluent para prever de forma fiável a eficiência da análise de rolamentos de casquilhos dos três modelos turbulentos. Os parâmetros de projeto, tais como a deformação estática, a tensão de corte na parede e o potencial de carga adimensional, foram considerados e foi realizada uma investigação para a análise de vários rácios L/D de 0,5, 1,0 e 1,5. E 0,3, 0,5, 0,7 e 0,9 são os rácios de excentricidade tidos em conta.

No Ansys, a dinâmica de fluidos computacional (CFD) e a interação fluido-estrutura (FSI) são realizadas.

CAPÍTULO-1

1.1   INTRODUÇÃO

Praticamente todas as indústrias mudam de energia, começando por uma estrutura e passando para a seguinte, incluindo aqui e ali hardware. A indústria atual não poderia existir sem o omnipresente motor elétrico, a turbina, o gerador, o sifão ou toda a panóplia de máquinas giratórias. Todas estas máquinas giratórias incluem um eixo apoiado num tipo de rolamento. Os novos planos de máquinas para estas aplicações requerem ritmos de trabalho elevados, rotores adaptáveis e densidades de força mais elevadas como componente da viagem para um custo unitário melhor e mais baixo. Estas alterações, que tornam as máquinas mais sensíveis a pequenas mudanças nos limites da estrutura, assim como a necessidade de reduzir o tempo de colocação no mercado e as despesas com modelos, tornaram necessário modelos numéricos sempre exactos para utilização na fase de planeamento. Os componentes significativos da máquina são a orientação. Não só o peso do rotor e os encargos de trabalho devem ser mantidos, mas a orientação também afecta o comportamento único do rotor. Estes requisitos de modelos exactos de rolamentos levaram a indústria a passar de respostas supostas para as condições de supervisão e esboços de configuração, para modelos mais complexos.

O plano de direção do moente é considerado crítico para a melhoria dos aparelhos de rotação. As direcções dos moentes são peças fundamentais de máquinas para sopradores, sifões, turbinas, motores de ignição interna, motores, geradores, etc. (Keith, 1986, Keith, 1990). Numa chumaceira de moente (Keith, 1986, Keith, 1990, Shingley, 1986), um eixo ou moente gira ou oscila dentro de uma manga redonda e oca apertada e o movimento geral é de deslizamento. As superfícies do moente e da chumaceira são isoladas por uma película de óleo (fluido ou gás) que é fornecida ao espaço livre entre as superfícies. O espaço de liberdade permite a união do moente e da direção, dá espaço ao óleo, obriga a extensões de calor inevitáveis e suporta qualquer desalinhamento ou desvio do veio. A estratégia de componentes limitados (FEM) aplicada ao óleo hidrodinâmico adquiriu proeminência desde a sua utilização inicial na última parte da década de 1960 por (Reddi, 1969) e outros. A técnica de componentes limitados continua a ser atractiva pelo facto de oferecer simplicidade teórica no acoplamento de propriedades hidrodinâmicas e versáteis e, além disso, adaptabilidade no tratamento de cálculos complexos e condições limite complexas. Por exemplo, as estratégias iterativas básicas utilizadas em relação às técnicas de componentes limitadas podem oferecer respostas para certas questões com condições matemáticas e de limite complexas. Huebner (Oh e Huebner,

1973) apresenta um pormenor de componente limitado em que as curvas flexíveis de apoios de moentes são registadas por uma estratégia iterativa para casos de estado consistênte. A abordagem de componentes limitados pode ser utilizada para resolver questões problemáticas, (por exemplo, em condições violentas). Consequentemente, existem numerosos pacotes de programação exclusivos acessíveis para registar estes problemas líquidos. O Familiar é um dos pacotes de produtos virtuais acessíveis e foi utilizado nesta tarefa.

1.2 Fundamentos hipotéticos

Uma orientação é um componente de máquina com uma capacidade fundamental para promover um movimento relativo suave com um baixo grau de ralação entre superfícies fortes quando estas estão em contacto direto (Szeri, 1998). Existem filmes de óleo, por exemplo, fluidos, vapores ou pomadas fortes para isolar as superfícies se o contacto direto não for necessário

Um mancal pode ser classificado de acordo com a forma das superfícies, conformes ou contra-formais. Uma chumaceira de moente é um modelo na classificação conformacional, uma vez que a região evidente de contacto é enorme. A maior pressão da película é de um grau significativo semelhante à carga particular da chumaceira, caracterizada por $P = W/A$, em que W é a carga exterior e An é a zona de chumaceira prevista (típica da pilha). As pressões da película são moderadamente pequenas na orientação conforme e a película de massa lubrificante é normalmente espessa, pelo que a distorção em massa das superfícies da pista é geralmente irrelevante. A distorção dos maus humores não a c o n t e c e , mas pode ocorrer durante o início e a paragem do período de rodagem.

Os componentes da massa lubrificante são divididos em cinco classificações: hidrodinâmica, hidrostática, elasto-hidrodinâmica, limite e película forte. O rolamento hidrodinâmico ou de película líquida ocorre quando existe uma película líquida persistente que isola as superfícies resistentes. Existem duas abordagens fundamentais para criar ou manter uma película de transporte de pilhas entre superfícies fortes em movimento relativo. A forma primária é designada por rolamento auto-ativo, e uma ilustração da sua atividade é o óleo hidrodinâmico. É a condição em que a película é produzida e mantida pelo arrastamento espesso das superfícies actuais, uma vez que estão a deslizar comparativamente umas com as outras. A estratégia subsequente é designada por pressurização à distância e funciona no modo hidrostático. É a condição em que a película é produzida e mantida por um sifão externo que alimenta o óleo entre as superfícies fortes (Bhushan, 2002).

A direção do moente é utilizada quando o movimento da chumaceira obrigada é rotacional e o vetor de acumulação é oposto ao cubo de rotação. No momento em que a pomada é incompressível, a temperatura da película é quase uniforme e, por conseguinte, o vetor de acumulação é fixo no espaço, como demonstrado na Figura 2.1. Os estados de funcionamento de um cabeçalho de um moente de proporção 2L/Rj (comprimento/largura) podem ser descritos relativamente a um limite solitário sem dimensão que é normalmente conhecido como o número de Sommerfeld e é caracterizado como (Szeri, 1998).

1.3   Rolamentos do moente

A direção do moente é utilizada numa variedade de aplicações de conceção, pelo que uma investigação adequada da tribologia afecta significativamente a sua exposição. Uma chumaceira de moente é constituída por um corpo em forma de barril à volta de um eixo rotativo, utilizado para suportar uma carga exterior ou apenas como guia para uma transmissão suave da força. Inclui uma manga fixa (ou casquilho) com um segmento circular total de 360 ou diferentes planos de uma curva fraccionada ou curvas numa estrutura de alojamento. A superfície interna é geralmente fixada com um material de suporte delicado, por e x e m p l o, chumbo, estanho, metal branco e metal babbitt ou mesmo plástico. As direcções de diários simples estão sujeitas a um tipo de insegurança conhecido como rotação de óleo auto-excitada. Ao longo do tempo, uma progressão de planos de rolamentos foi produzida para sufocar tais problemas de vibração, por exemplo, orientação com almofada de deslocamento, curva, barragem de pressão e cabeçalho de divisão de contrapeso. Quando o eixo está em estado consistente, ele espera uma situação dentro do arbusto do rolamento cujas direções são imprevisibilidade e e ponto de comportamento φ, como demonstrado na Figura 1. O erraticismo é apenas a realocação do local do diário O_j da comunidade de buchas $\square\square$. O ponto de mentalidade é o ponto entre a linha de pilha e a linha entre esses focos. A imprevisibilidade diminui e o ponto de comportamento geralmente aumenta com a atividade de sifão de filme de óleo mais ardente pelo diário em taxas mais altas e com a espessura expandida da pomada.

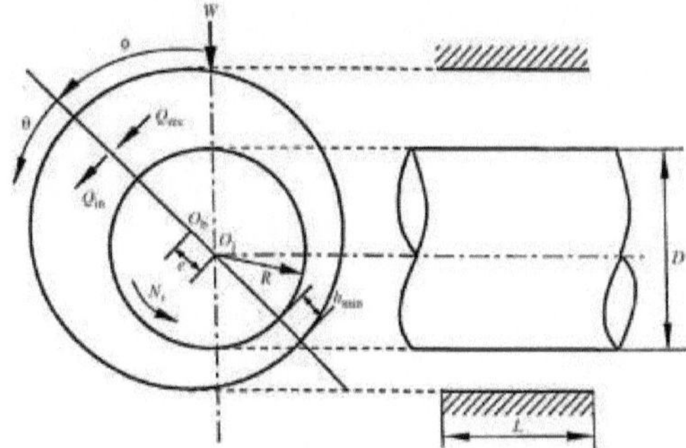

Figura 1: Secção transversal de uma chumaceira de moente e respectivos parâmetros geométricos característicos

Em numerosas aplicações, o peso do rotor e qualquer carga externa são mantidos em duas orientações indistinguíveis situadas num ou no outro lado do eixo. Um moinho pode igualmente funcionar concentrado na sua sustentação por capricho zero se o seu eixo estiver situado verticalmente com o objetivo de que a gravidade não aumente a pilha. Tal como nos sifões verticais e nos motores, estas orientações delicadamente empilhadas são especialmente impotentes para a precariedade problemática da rotação do óleo, uma vez que o diário despejado irá, em geral, girar na película de óleo giratória.

Kostopoulos et al retrata como a utilização da direção do jornal acompanha uma progressão de pontos de interesse: Eles são regularmente construídos em partes separadas ou no corpo geral e a sua recolha é simples

A pouca liberdade torna-os utilizáveis em desenvolvimentos de elevada exatidão Devido à forma como são c o n s t r u í d o s, o pó não pode entrar no território da massa lubrificante, assegurando as superfícies do casquilho e do rotor É formada uma película de lubrificação hidrodinâmica entre as superfícies de trabalho, limitando assim o desgaste das peças de trabalho e aumentando a esperança de vida da chumaceira de moente Podem suportar enormes cargas aplicadas.

Os seus principais pontos fracos são os acompanhantes:

•	Elevado coeficiente de retificação durante o ciclo de arranque (condições transitórias)

•	Apoio frequente

•	É essencial uma medida crítica de massa lubrificante e uma estrutura de lubrificação.

Nas aplicações em que a estrutura dispara sob uma carga aplicada, a película de lubrificação hidrodinâmica é criada ao longo de uma estimativa específica da velocidade de rotação. Então, novamente, a direção do diário não está funcionando produtivamente em estimativas de alta velocidade de rotação. Isso ocorre porque, à medida que a velocidade do rotor aumenta, o filme de lubrificação torna-se tempestuoso, expandindo a pressão de cisalhamento. Isso resulta em maior temperatura da graxa e a consequente diminuição do filme hidrodinâmico. Os ritmos de rotação digressivos do veio de 75 mm/s são considerados suficientemente elevados, embora em aplicações específicas tenham sido atingidos ritmos de rotação de 150 mm/s. A orientação do moente pode tornar-se muito dispendiosa quando é necessária uma embarcação especial e quando é criada em quantidade limitada. Por outro lado, a orientação do moente que é criada em grande quantidade é muito económica.

**1.4	Existem cinco tipos diferentes de óleo de uma chumaceira de moente, conforme demonstrado abaixo**

**1.4.1	Óleo hidrodinâmico:** De acordo com este tipo de massa lubrificante, as superfícies do casquilho e do rotor são isoladas por uma película de lubrificação para evitar o contacto de metal com metal. Um estoque constante de óleo de lubrificação é vital, no entanto, não depende do fator de pressão delta da pomada. No ponto em que a velocidade de rotação supera um valor específico, um filme de fator de pressão é criado entre as duas superfícies, capacitando-o a suportar a carga aplicada, enquanto mantém as duas superfícies separadas.

1.4.2   Óleo hidrostático: Neste tipo de massa lubrificante, a película de lubrificação, quer seja óleo ou água ou ar, é colocada entre o eixo e o arbusto da chumaceira sob tensão, suficientemente elevada para isolar a chumaceira e o rotor e para suportar a carga aplicada. Desta forma, a película líquida é pressurizada, o que significa que não é necessário um movimento global das duas superfícies.

1.4.3   Óleo elasto-hidrodinâmico: Em casos de cargas elevadas ou de materiais delicados, a chumaceira ou o veio sofrem desfigurações flexíveis durante a atividade. Estas alterações influenciam o cálculo da película de líquido, que, por sua vez, influencia a execução da chumaceira. Nestes casos, a chumaceira está a trabalhar em condições elasto-hidrodinâmicas; a demonstração deve contemplar esta maravilha para valores exactos.

1.4.4   Lubrificação de fronteira

A lubrificação limite ocorre quando a espessura do óleo é insuficiente, devido a uma série de elementos, por exemplo, pouca superfície da chumaceira, baixa velocidade de rotação do veio, pouca quantidade de pomada, elevada carga aplicada. O progresso do óleo hidrodinâmico ocorre continuamente. Na fase de transição, o óleo hidrodinâmico e o óleo limite coincidem, oferecendo ascensão ao suposto óleo misturado.

1.4.5   Óleo de película forte: Neste óleo, é utilizado um tipo de pomada forte, por exemplo, óleo ou grafite, em aplicações onde os óleos minerais não podem ser utilizados, ou em situações em que existe um aquecimento excessivo dos segmentos de interface. O tipo de massa lubrificante mais utilizado para a orientação dos moentes é o óleo hidrodinâmico.

CAPÍTULO-2
REVISÃO DA LITERATURA

A.Ouadoud et al [1] efectuaram um exame termo-hidrodinâmico e termo-elasto-hidrodinâmico de uma chumaceira de diâmetro total utilizando técnicas matemáticas, nomeadamente CFD e FSI. Neste trabalho, a técnica de volume limitado e de componentes limitados é utilizada para decidir separadamente o fator de pressão, a dispersão da temperatura e da velocidade na película líquida e a torção da superfície da chumaceira em condições de carga estática. Descobriram que a flexão devido ao fator de pressão assume um papel imperativo na decisão da conduta da chumaceira, do mesmo modo, devido aos impactos versáteis, a espessura mínima da película é influenciada.

Dinesh Dhande et al [2] utilizaram a técnica de cooperação de construção líquida para estabelecer a deformidade do rolamento hidrodinâmico diário. Durante o exame, os modelos são criados para várias proporções e velocidades caprichosas para pesquisar a comunicação entre a conduta flexível do rolamento e o líquido, além de notar a medida de distorção do rolamento. Descobriu-se que a estratégia CFD-FSI é útil para perceber o impacto da conduta hidrodinâmica e versátil do rolamento. Além disso, esta estratégia criou uma execução precisa do rolamento.

B.S. Shenoy et al[3] utilizaram elementos primários computacionais (CSD) e dinâmica de líquidos computacional (CFD) para observar a conduta elasto-hidrodinâmica da massa lubrificante de uma chumaceira de 360°. O ponto focal principal deste trabalho foi estabelecer a deformação e a apropriação de tensões no revestimento da chumaceira devido a potências emergentes. Para determinar a dispersão da pressão foi utilizada a técnica de componentes limitados (FEM). A reprodução da graxa elasto-hidrodinâmica foi aprovada com o resultado do óleo padrão. O artigo introduzido, estas estratégias são adequadamente utilizadas para encontrar a deformidade da superfície do rolamento sob carga estática.

K. P. Gertzos et al[4] introduziram a investigação tridimensional CFD da retenção de diário para o líquido de Bingham. Os resultados encontrados a partir de uma programação familiar contrastada e de um teste de exame prévio e consequências hipotéticas de óleos newtonianos, assim como de óleos de Bingham, mostram um grande arranjo. Neste trabalho, a execução da retenção do diário foi verificada em líquidos electro-reológicos e magnetorheológicos. A partir dos resultados, conclui-se que o impacto da pressão de cedência é reduzido para uma baixa proporção de flutuação no rolamento diário.

S. Chaitanya Kumar et al[5] debruçaram-se sobre o exame CFD da chumaceira hidrodinâmica. Durante a investigação, eles expressam que a pressão do filme de óleo é um dos limites significativos para retratar o estado de funcionamento do rolamento hidrodinâmico. O criador concentrou-se na demonstração do rolamento de diário para diferentes proporções L/D e capricho, e a investigação é concluída utilizando a forma FSI para lidar com a descoberta do fator de pressão, tensão e deformidade do rolamento de diário hidrodinâmico. Neste artigo, o criador descobriu a disseminação do fator de pressão enviando a graxa no meio do rolamento e do diário. Nessa altura, utiliza a estratégia FSI para reconhecer as tensões e a deformação da chumaceira. A partir de agora, este método tem sido utilizado de forma viável para descobrir a exposição da chumaceira.

O limite de transporte da pilha é um elemento de dispersão do fator de pressão em torno do diário e da superfície, devido à alteração da espessura da película líquida. O limite de transporte da pilha é influenciado pelo aumento da velocidade do eixo e pela proporção de não convencionalidade.

B. Manshoora et al [6] descobriram que o exame matemático de 3 direcções do filme esbelto lubrificou o rolamento diário para três modelos tempestuosos. Por motivo de exame, pensou-se em várias proporções L / D de 0,25, 0,5, 1,0, 1,5 e 2,0 para descobrir termos de fator de pressão estática, pressão de cisalhamento do divisor e limite de transporte de carga adimensional do rolamento diário de filme fino. Neste artigo, o modelo padrão k- €, o modelo Relizable k- € e o Reynolds Stress Model (RSM) são utilizados para o trabalho de reprodução do rolamento diário de filme delicado lubrificado. O exame presumiu que todos os modelos produzem resultados idênticos. Assim, a partir deste trabalho, foi indicado que, o modelo k- € foi uma ótima idéia para fazer a recreação, uma vez que era um modelo menos difícil e mais rápido quando contrastado com RSM e K- € Relizable.

Jamaluddin Md Sheriff et al[7] investigaram o exame CFD para antecipar o limite de transporte de carga da sustentação direta do diário e a ondulação da superfície de depressão com pomada de base biológica. A partir dos resultados, conclui-se que o limite de transporte de carga da superfície ondulada sinusoidal é superior ao da superfície de suporte direto. Em todo o caso, o limite de transporte de carga elevado obtido no rolamento direto do diário mantém uma proporção reduzida de erraticidade e é a atividade ideal do rolamento direto do diário.

Marco Tulio C. Faria et al [8] utilizaram uma estratégia de componentes limitados para o exame dinâmico e consistente do estado do rolamento de diário lubrificado com óleo. A partir dos resultados, obviamente, o modelo de rolamento de diário longo hidrodinâmico deve ser avaliado à luz do fato de que pode arriscar grandes erros na execução do rolamento.

Huixia jin et al[9] concluíram a reprodução matemática da depressão circunferencial focal do diário hidrodinâmico com a ajuda da programação CFD. A partir do resultado, descobriu-se que a profundidade da ranhura influencia a zona de acumulação, o limite de transporte do rolamento, a zona de cavitação e a porção de fumos.

Samuel Cupillard et al[10] efectuaram uma investigação CFD sobre a fixação de um diário numa superfície lisa e acabada. O objetivo deste estudo é determinar o impacto da superfície na proporção de invulgaridade e na força de atrito. Durante o exame, considerou-se que o fluxo é laminar e isotérmico em condições precárias. A partir deste exame, descobriu-se que, para condições de empilhamento ligeiro, a espessura da película de base aumentou e o poder de atrito diminuiu e, para condições de empilhamento elevado, a expansão da zona de pressão diminui o poder de atrito.

Amit Solanki et al [11] melhoraram os limites do plano, por exemplo, o limite de transporte de carga do rolamento hidrodinâmico utilizando o Algoritmo Genético. A partir dos resultados, presumiu-se que o limite de transporte de carga corresponde à velocidade de rotação do diário, à proporção L/D, ao comprimento e à margem de manobra do diário.

CAPÍTULO 3
METODOLOGIA

3.1Nomenclatura das chumaceiras de jornal

Comprimento da chumaceira de moente mm

Diâmetro da chumaceira de moente, mm Folga   radial, mm

ƐRazão de excentricidade

eEncentricidade   , mm

3.2. CÁLCULOS DO MODELO DE CHUMACEIRA DE MOENTE

Rácios L/d 0.5, 1.0&1.5 Rácio de excentricidade=0.3, 0.5, 0.7&0.9 **Cálculos de**

comprimento

L=comprimento do moente, mm D=diâmetro do moente, mm L/d=0,5

D=100mm L=0,5×100

$$\boxed{\text{L=50mm}}$$

L/d=1,0 D=100mm L=1,0×100

$$\boxed{\text{L=100mm}}$$

L/d=1,5 D=100mm L=1,5×100

$$\boxed{\text{L=150mm}}$$

1.5   Cálculos de excentricidade

$$\varepsilon = e/c$$

$$E = \text{ecentricidade mm} \quad C = \text{folga radial, mm}$$

$$C = 0{,}145\text{mm de acordo com os diários}$$

$$\varepsilon = e/c \quad \varepsilon = 0{,}3$$

$$0{,}3 = e/0{,}145 \quad E = 0{,}3 \times 0{,}145$$

$$\varepsilon = 0{,}5 \quad 0{,}5 = e/0{,}145 \quad E = 0{,}5 \times 0{,}145$$

$$\boxed{E = 0{,}0435\text{mm}}$$

$$\varepsilon = 0{,}7 \quad 0{,}7 = e/0{,}145 \quad E = 0{,}7 \times 0{,}145$$

$$\boxed{E = 0{,}0725\text{mm}}$$

$$\varepsilon = 0.9$$

$$\boxed{E = 0{,}1015\text{mm}}$$

$$0{,}9 = e/0{,}145 \quad E = 0{,}9 \times 0{,}145$$

3.3   MODELOS 3D DE CHUMACEIRAS DE ROLAMENTO NO PRO-ENGINEER

L/D ratio	Eccentricity ratio			
0.5	0.3	0.5	0.7	0.9
1.0	0.3	0.5	0.7	0.9
1.5	0.3	0.5	0.7	0.9

3.4   PROBLEMA IDENTIFICADO:

A tensão de escoamento do fluido é um dos principais parâmetros de funcionamento que descrevem as situações de trabalho nas chumaceiras de moente hidrodinâmicas. As chumaceiras de moente hidrodinâmicas são analisadas através da utilização da dinâmica de fluidos computacional (CFD) e da abordagem de interação fluido-sólido (FSI), de modo a descobrir a deformação da chumaceira.

CAPÍTULO -4

4.1.MODELAÇÃO E ANÁLISE

A configuração de itens em 3D é essencial para o desenvolvimento de itens. A utilização do Pro|ENGINEER CAD permitiu aos designers transformar pensamentos e ideias em artigos reais que transmitem uma posição favorável competitiva, desenvolvem novas linhas e até mesmo novos sectores de negócio e criam um incentivo genuíno na realidade.

No entanto, a utilização de um sistema de programação ProE CAD ou Creo são igualmente considerações importantes para a criação de eficiências, a apresentação de novos materiais e avanços e um dos principais apoiantes de programas de melhoramento de artigos mais rápidos, menos dispendiosos e mais atraentes.

O PTC Creo, conhecido há algum tempo como Pro/ENGINEER, é uma programação de visualização 3D utilizada em empresas de design mecânico, planeamento, produção e administração de desenho CAD. Foi uma das principais aplicações de demonstração CAD 3D que utilizou uma estrutura paramétrica baseada em padrões. Utilizando limites, medidas e destaques para captar a conduta do item, pode melhorar o item de melhoria tal como o plano real.

O nome foi alterado em 2010 de Pro/ENGINEER Wildfire para Creo. Foi relatado pela organização que o criou, a Parametric Technology Company (PTC), durante o envio da sua configuração de itens de plano que incorpora aplicações, por exemplo, recolha demonstrando, perspectivas ortográficas 2D para desenho especializado, investigação de componentes limitados e depois alguns.

A PTC Creo diz que pode oferecer uma visão de plano mais eficaz do que outra programação de exibição em vista de seus destaques interessantes, lembrando a coordenação de demonstração paramétrica e direta para um estágio. A configuração total de utilizações abrange a gama de avanços de itens, dando aos planeadores alternativas para usar em cada progressão do ciclo. Além disso, o produto possui uma interface mais fácil de compreender que proporciona um encontro superior aos projectistas. Além disso, possui limites orientados para a comunidade que simplificam a partilha de planos e a realização de alterações.

Existem inúmeras vantagens na utilização do PTC Creo. Iremos investigá-las nesta organização em duas secções.

Em primeiro lugar, a maior margem de manobra é a rentabilidade alargada devido às suas capacidades de planeamento produtivas e adaptáveis. Foi concebido para ser mais simples de utilizar e ter destaques que levam em consideração os ciclos de configuração para se moverem mais rapidamente, fazendo com que o nível de eficiência de um criador aumente.

Parte da explicação da eficiência pode ser expandida com base no fato de que o pacote oferece aparelhos para todos os períodos de melhoria, desde os primeiros estágios do ponto de partida até a criação e montagem envolvidas. Mudanças no estágio final são regulares no ciclo do plano, mas o PTC Creo pode lidar com isso. Podem ser feitas alterações que se reflectem em diferentes partes do ciclo.

A capacidade comunitária do produto torna-o igualmente mais simples e mais rápido de utilizar. Uma das razões pelas quais pode tratar os dados mais rapidamente é o resultado direto da interface entre os planos MCAD e ECAD. Os planos podem ser ajustados e apresentados entre os planeadores eléctricos e mecânicos que lidam com o projeto.

O tempo poupado pela utilização do PTC Creo não é a única posição favorável. Ele tem vários métodos de economia de despesas. Por exemplo, a despesa de fazer outro item pode ser reduzida à luz do fato de que o ciclo de avanço é abreviado por causa da robotização da era da montagem cooperativa e das expectativas de administração.

4.2. INTRODUÇÃO À CFD

CFD é a abreviatura de Computational Fluid Dynamics, ou seja, a estratégia de utilizar um PC para prever o fluxo de líquidos. As técnicas matemáticas para o arranjo de EDOs ou EDPs têm sido imaginadas teoricamente desde a época de Newton. Em todo o caso, com o não aparecimento dos computadores pessoais, não havia qualquer hipótese de utilizar estes métodos. Com os PCs actuais, mais uma vez, os procedimentos matemáticos para lidar com as condições diferenciais estão prontamente acessíveis. O CFD funciona abordando as condições do fluxo de líquido sobre uma área de interesse, com determinadas condições no limite dessa área. As condições diferenciais a meio caminho que descrevem os ciclos de troca de força e massa são conhecidas como condições de Navier-Stokes. A técnica mais conhecida que é utilizada para resolver estas condições é conhecida como a estratégia de volume limitado. A discretização de uma estratégia de volume limitado (FVM) depende de um tipo básico de EDP a ser resolvido (por exemplo, proteção da massa, força ou energia). A EDP é escrita numa estrutura que pode ser tratada para um determinado volume limitado (ou célula). O espaço computacional é discretizado em volumes limitados e, em seguida, para cada volume, as condições de supervisão são estabelecidas [8]. O produto utilizado neste trabalho, ANSYS CFX, depende da estratégia de volume limitado.

4.2.1.   Equações de governo

As condições de agitação de Navier são tratadas utilizando o CFX 11. Não são feitas suposições de Reynolds ou Stokes nas condições. As condições são aplicadas sem potência de corpo e com propriedades consistentes. Elas são precárias e tratadas nas direções x e y, por assim dizer. O fluxo é laminar e instável e são aplicadas condições isotérmicas. Com estas propriedades, as condições de Navier e de progressão podem ser compostas individualmente,

$$\frac{\partial}{\partial t}\left(\rho u_i\right) + \frac{\partial}{\partial x_i}\left(\rho u_i u_j\right) = -\frac{\partial p}{\partial x_i} + \frac{\partial}{\partial x_j}\left(\mu\left(\frac{\partial u_i}{\partial x_j} + \frac{\partial u_j}{\partial x_i}\right)\right) \qquad (1)$$

$$\frac{\partial}{\partial x_i}\left(\rho u_i\right) = 0 \qquad (2)$$

4.2.3 Modelos de chumaceiras de deslize utilizando o pro-E wildfire 5.0

1.6   L/D=0,5; Ɛ=0,3

Modelo sólidoModelo fluidoModelo de   montagem

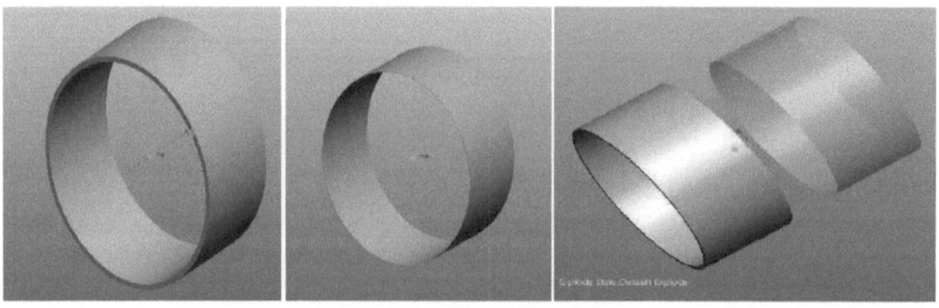

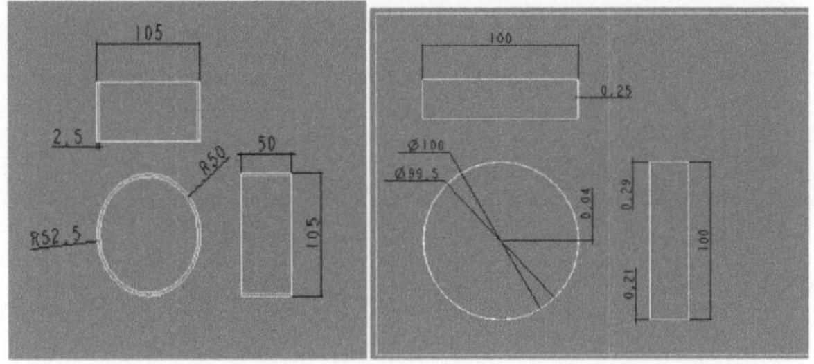

1.7   L/D=0,5; Ɛ=0,5

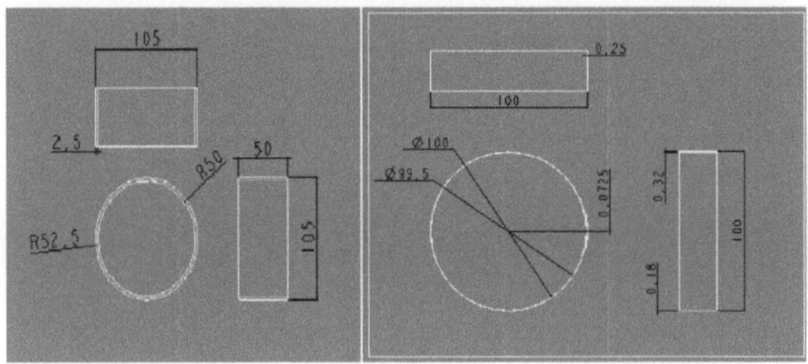

L/D=0,5; Ɛ=0,7

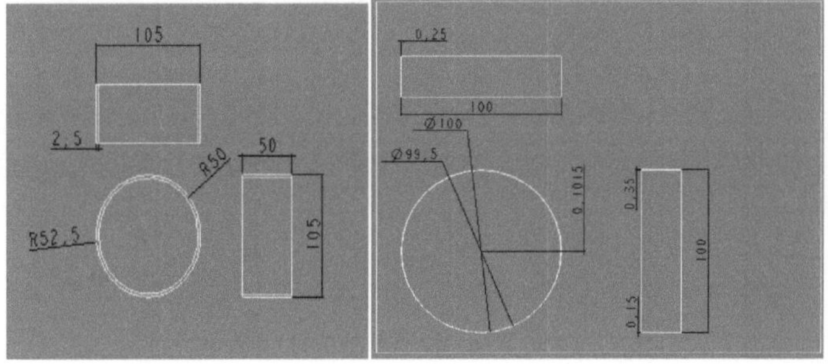

1.8   L/D=0,5; Ɛ=0,9

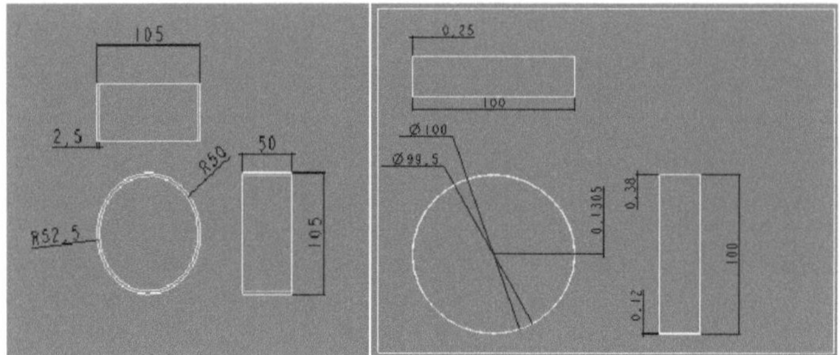

L/D=1; Ɛ=0,2

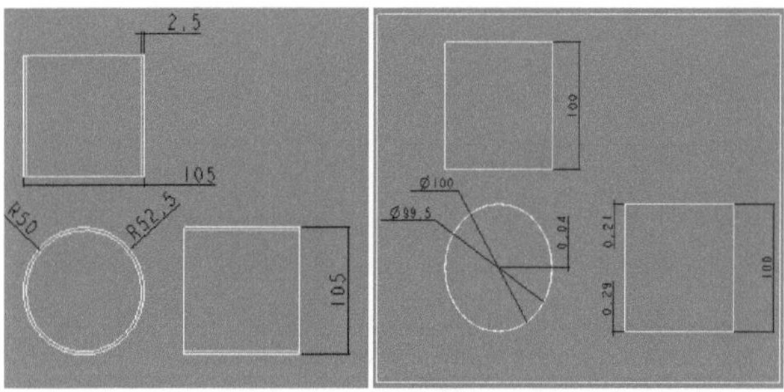

1.9   L/D=1; Ɛ=0,5

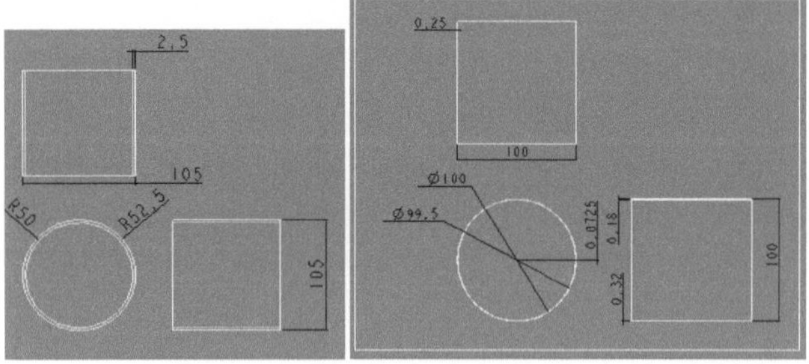

L/D=1; Ɛ=0,7

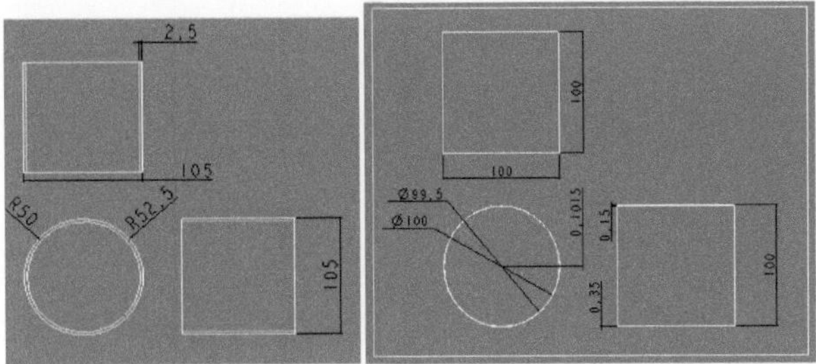

1.10   L/D=1; Ɛ=0,9

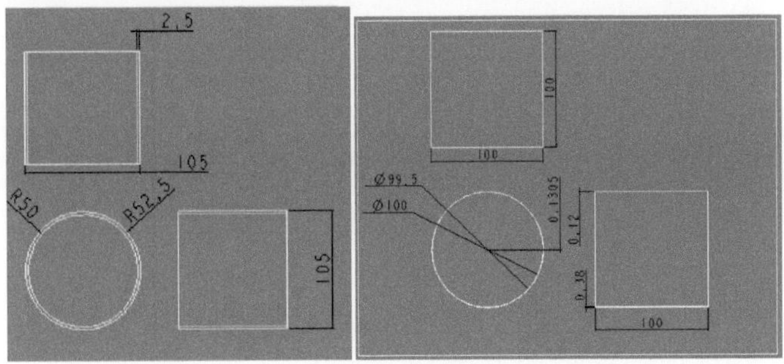

L/D=1,5; Ɛ=0,3

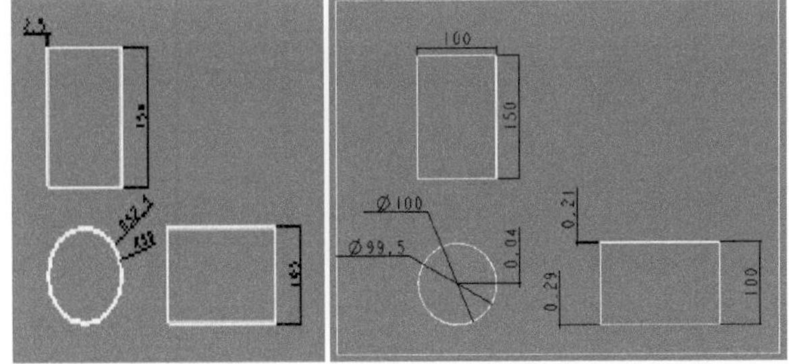

1.11   L/D=1,5; Ɛ=0,5

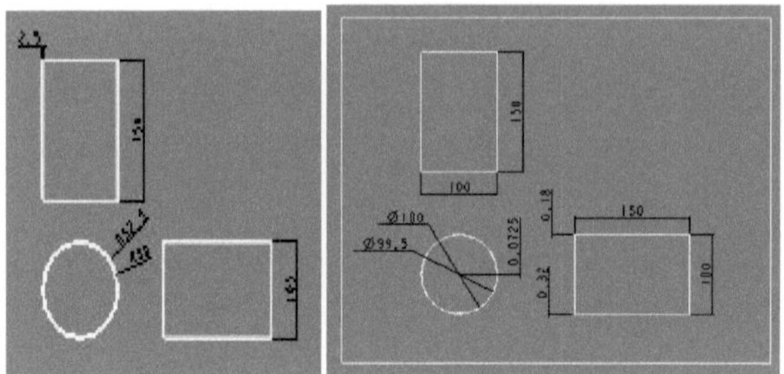

L/D=1,5; Ɛ=0,7

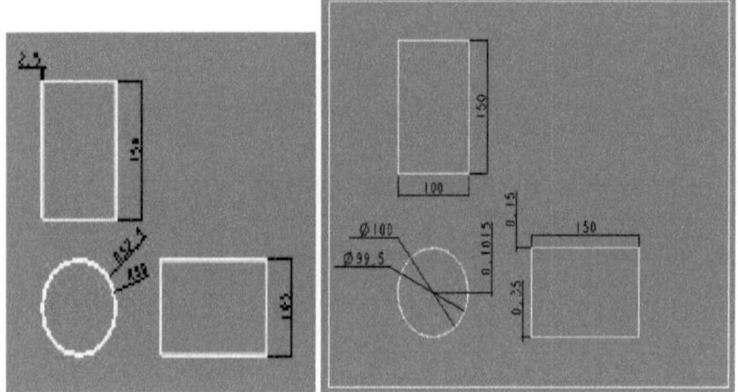

1.12   L/D=1,5; Ɛ=0,9

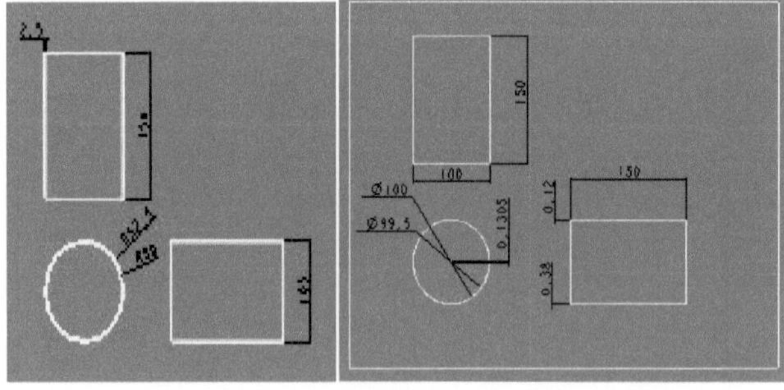

CAPÍTULO 5
INTERFACE DA ESTRUTURA DO MANCAL

L/D RATIO=0.5, 1.0&1.5

ECCENTRICITY RATIO (ε) =0.3, 0.5, 0.7&0.9

FLUID - SAE 20W OIL

BEARING MATERIAL - BABBIT

BOUNDARY CONDITIONS

1.13   Quando L/D =0,5 e ECCENTRICIDADE=0,3

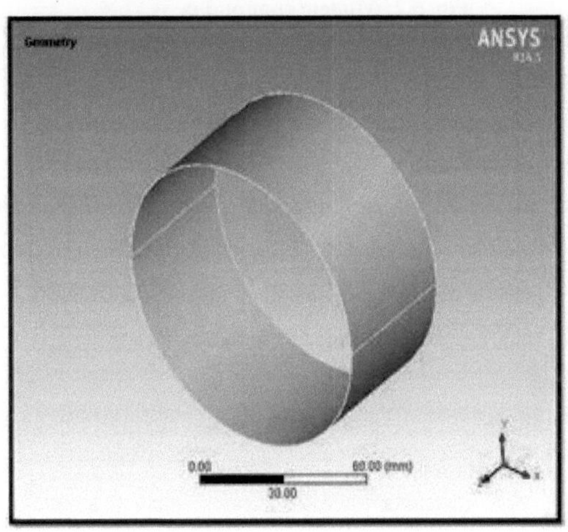

Fig. 5.1: Modelo geométrico

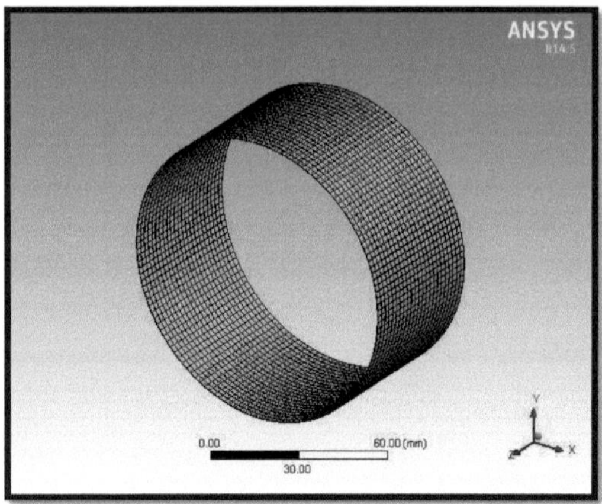

Fig. 5.2: Modelo com malha

A grelha gerada para as simulações é composta por 6576 e 3344 elementos hexaédricos para o rotor-estator liso (uma e duas geometrias) e para o rotor-estator com covinhas, respetivamente. Uma vez que é utilizada uma malha mais fina no interior da covinha para resolver os gradientes que ocorrem na secção de entrada e saída, o número de elementos da grelha no rotor-estator com covinhas é superior ao do caso liso. O refinamento da malha para este projeto é exatamente o mesmo que no caso liso. Por conseguinte, prevê-se que o erro numérico seja o mesmo, de cerca de 0,5% para a carga. A fim de resolver completamente os gradientes que ocorrem à entrada e à saída das covinhas, são efectuados refinamentos no interior da covinha. Uma vez que não há cavitações com a excentricidade utilizada (covinhas rasas), não são efectuados refinamentos para as cavitações.

Selecionar faces → clicar com o botão direito do rato → criar secção nomeada → introduzir o nome → entrada de ar

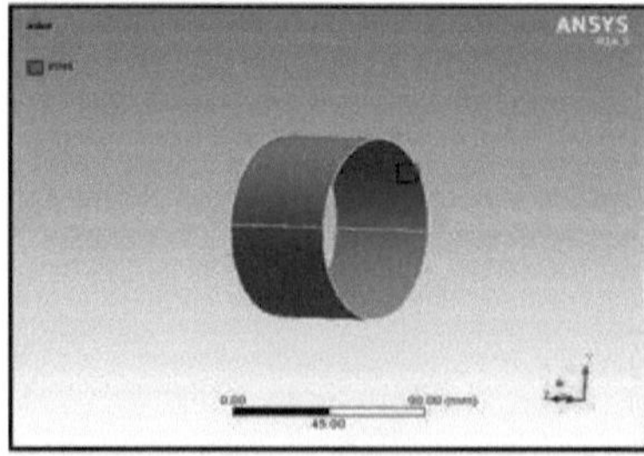

Fig. 5.3: Secção de entrada

Selecionar as faces → clicar com o botão direito do rato → criar uma secção nomeada → introduzir o nome → saída de ar

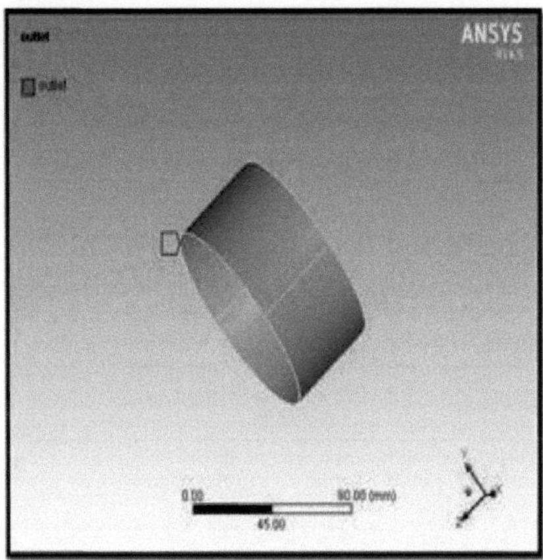

Fig. 5.4: Secção de saída

Materiais > novo >criar ou editar >especificar material fluido ou especificar casas > ok

Selecionar fluido

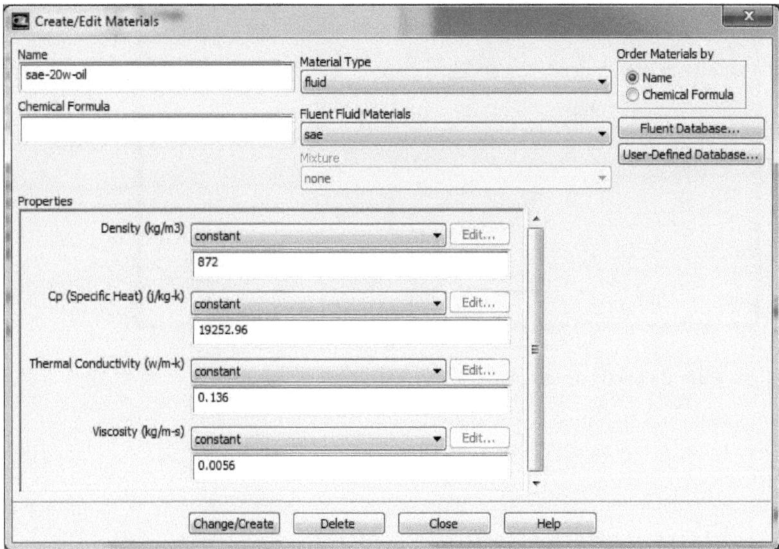

Fig. 5.5: Material fluido

Condições de fronteira>entrada>introduzir os valores de entrada necessários

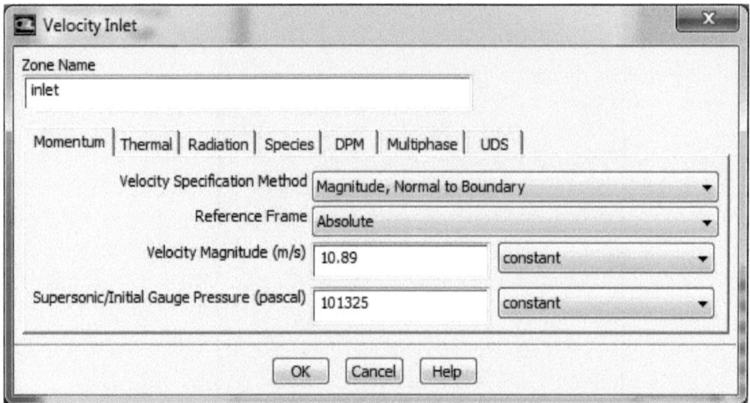

Fig. 5.6: Especificação das condições de contorno

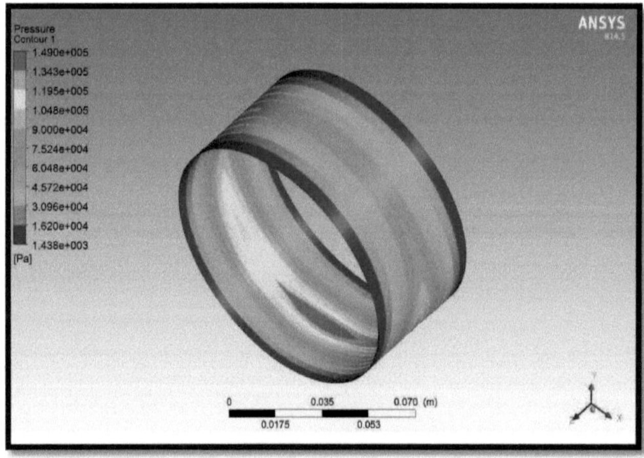

Fig 5.7 Contornos da perda de carga

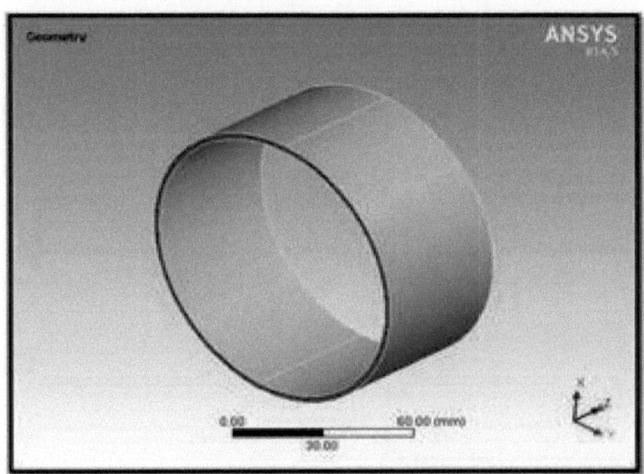

Fig. 5.8 Modelo geométrico

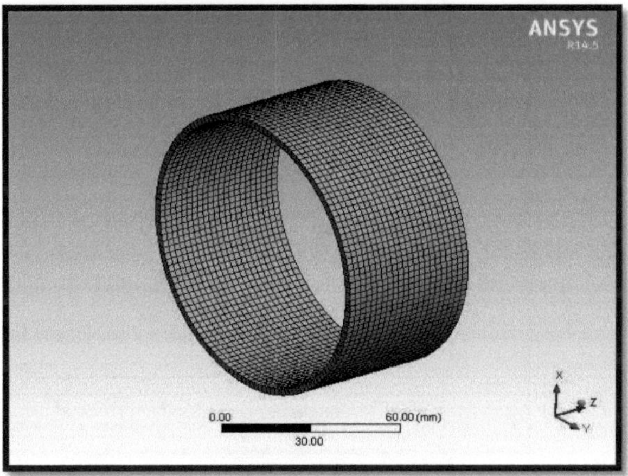

Fig. 5.9 Modelo de malha

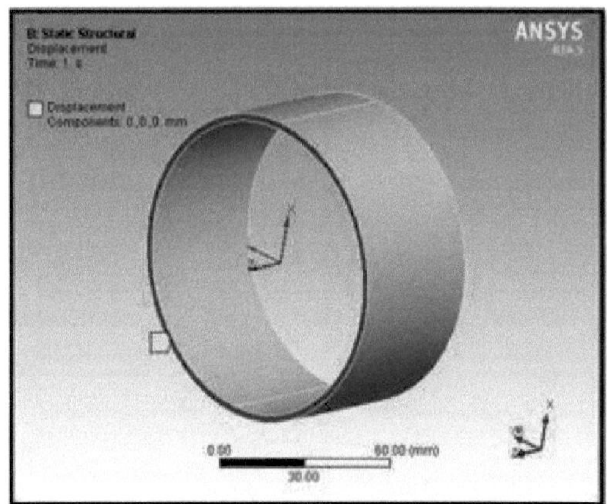

Fig. 5.10: Condições de fronteira aplicadas

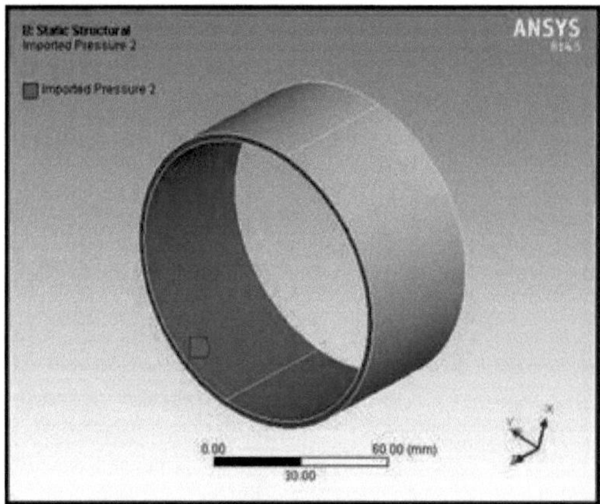

Fig. 5.11: Carga dos resultados CFD aplicada a área de pressão no componente

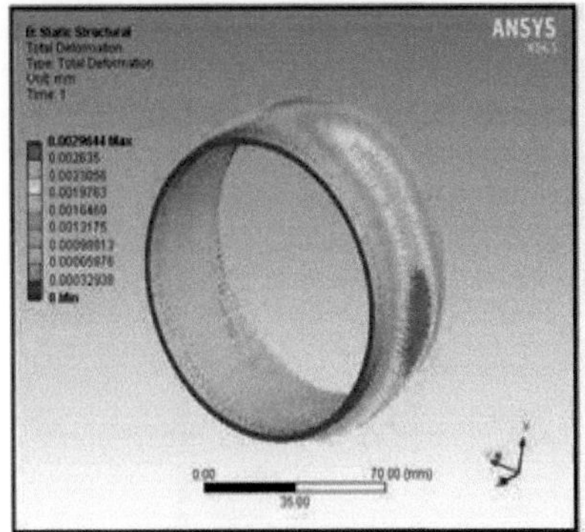

Fig 5.12: Deformação

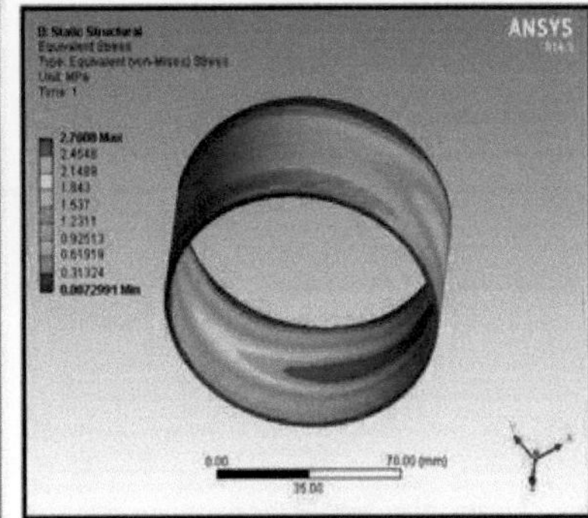

totalFig 5.13: Tensão equivalente

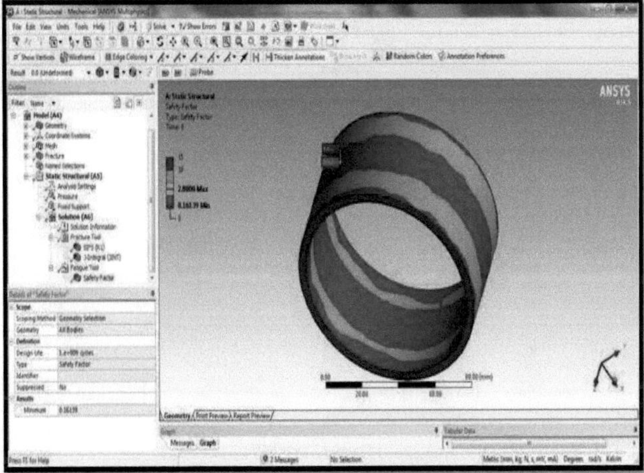

Fig. 5.14: Gráfico do contador do fator de segurança

1.14   L/D =0,5 e ECCENTRICIDADE=0,5

Fig5.14:Traçado do contorno da pressão

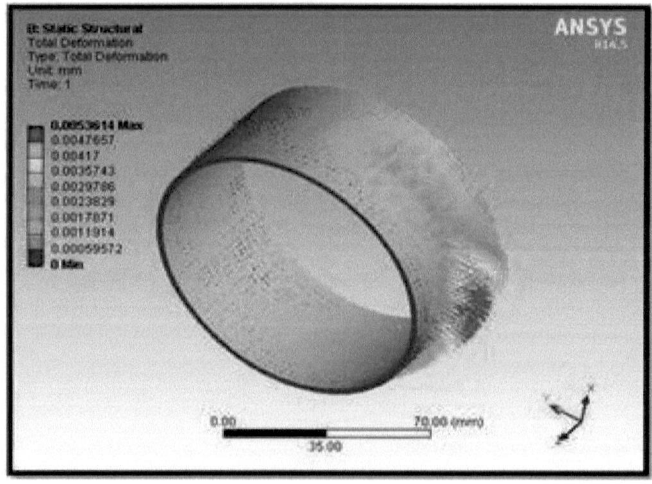

Fig5.15: Deformação total

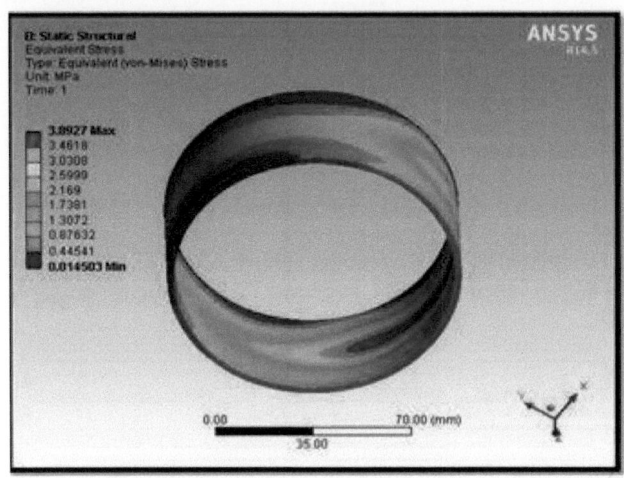

Fig. 5.16: Tensão equivalente

Gráfico do contador do fator de segurança

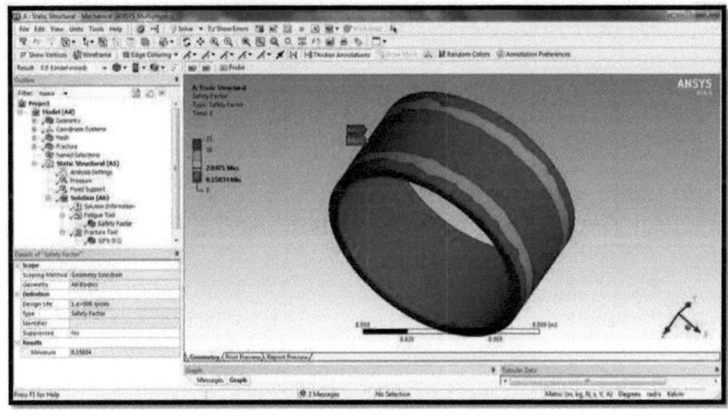

1.15 L/D =0,5 e ECCENTRICIDADE=0,7

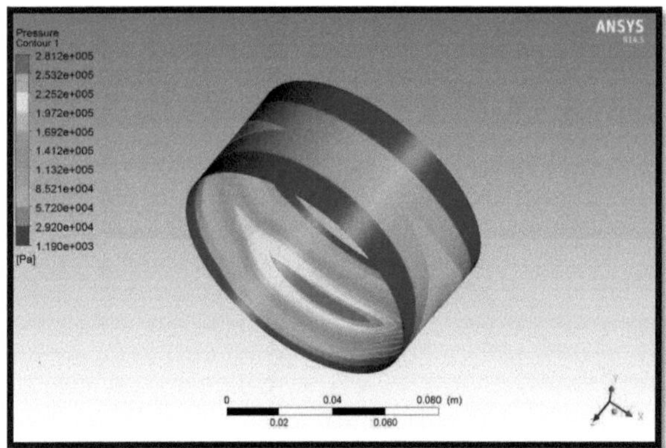

Fig. 5.17: Traçado do contorno da pressão

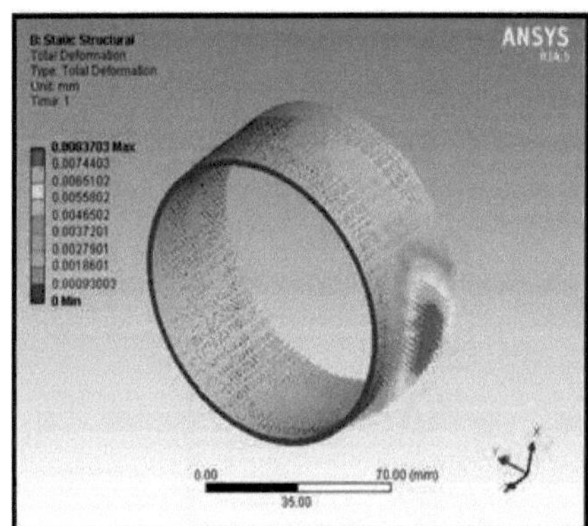

**Fig 5.18: Gráfico de deformação   totalFig 5.19: Gráfico de
tensão equivalente**

Gráfico do contador do fator de segurança

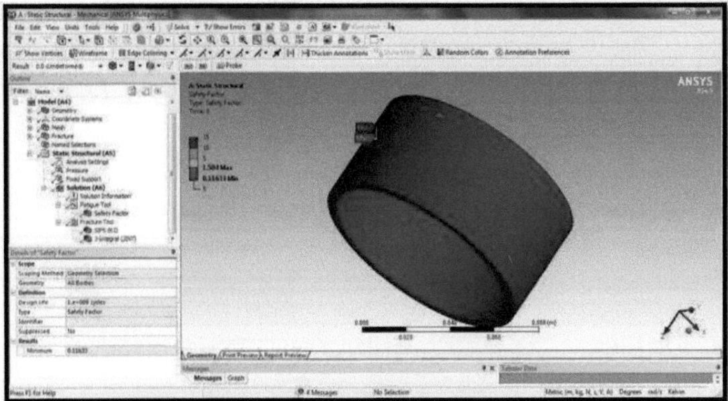

1.16   L/D =0,5 e ECCENTRICIDADE=0,9

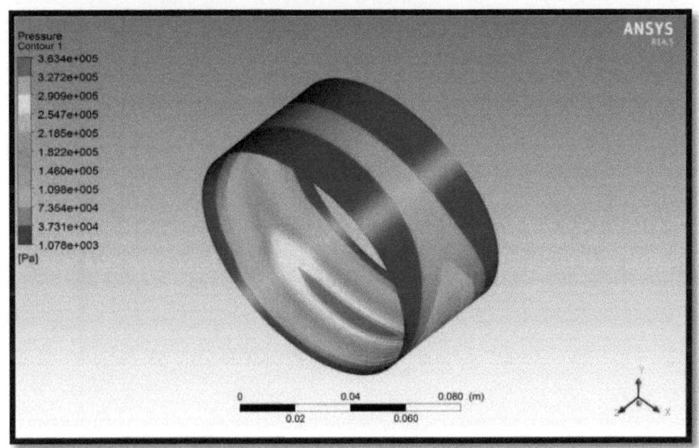

Fig. 5.20: Traçado do contorno da pressão

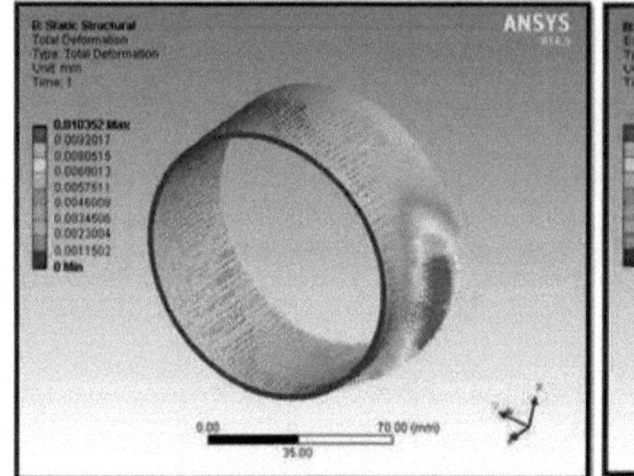 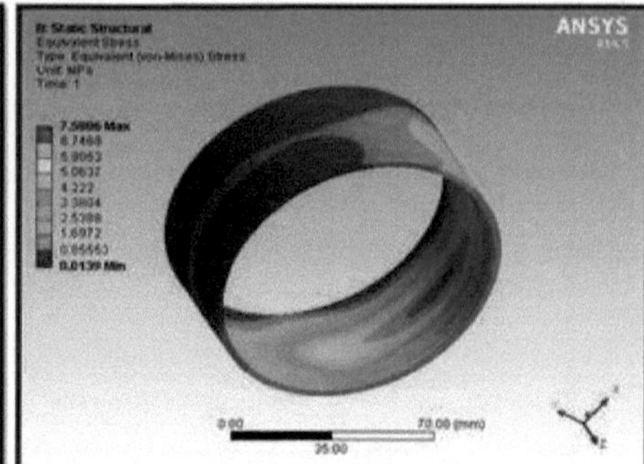

Fig 5.21: Gráfico de deformação totalFig 5.22: Gráfico de tensão equivalente

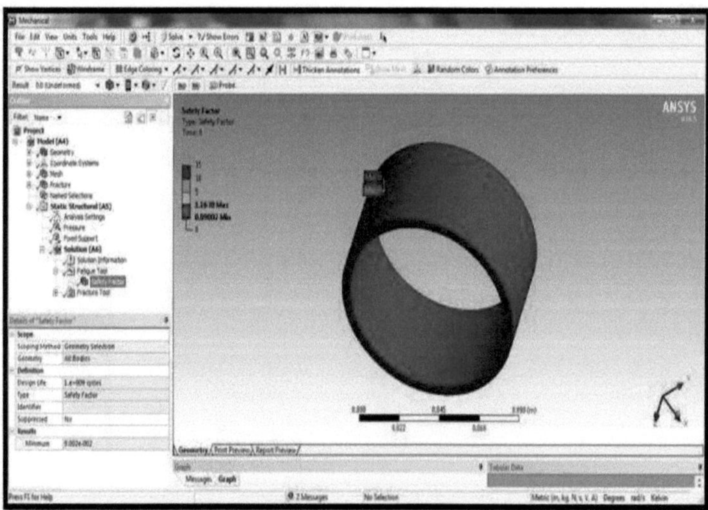

Gráfico do contador do fator de segurança

34

1.17   5.2. L/D =1,0 e ECCENTRICIDADE=0,3
2.   GEOMETRIA

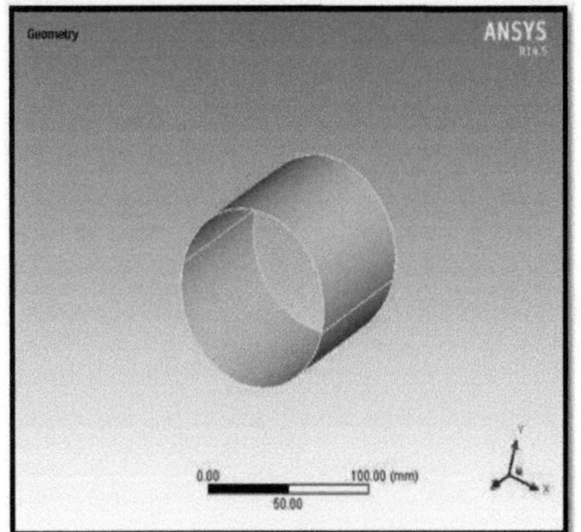

Fig 5.2.1: Modelo geométrico do   software de modelaçãoFig 5.2.2
Modelo de malha

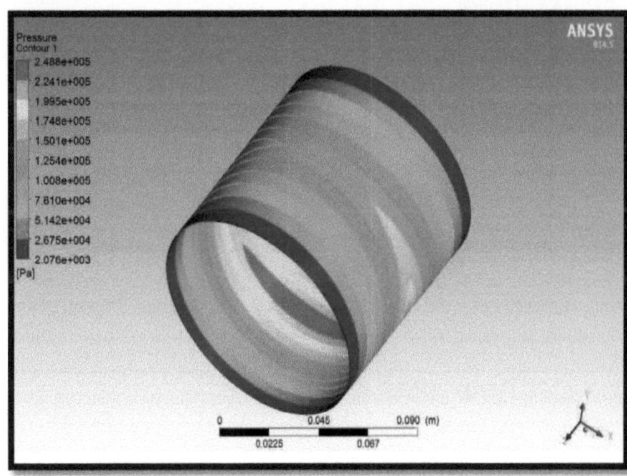

Fig. 5.2.3: Gráfico de contorno de pressão

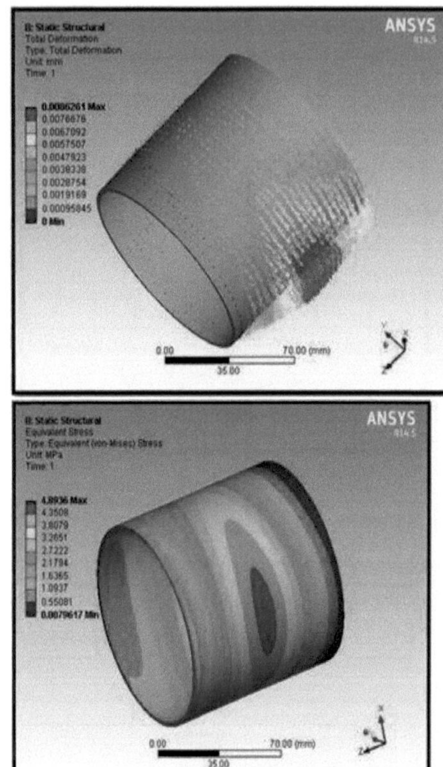

Fig 5.2.4: Gráfico da deformação total Fig 5.2.5: Gráfico da tensão equivalente

1.18 L/D =1,0 e ECCENTRICIDADE=0,5

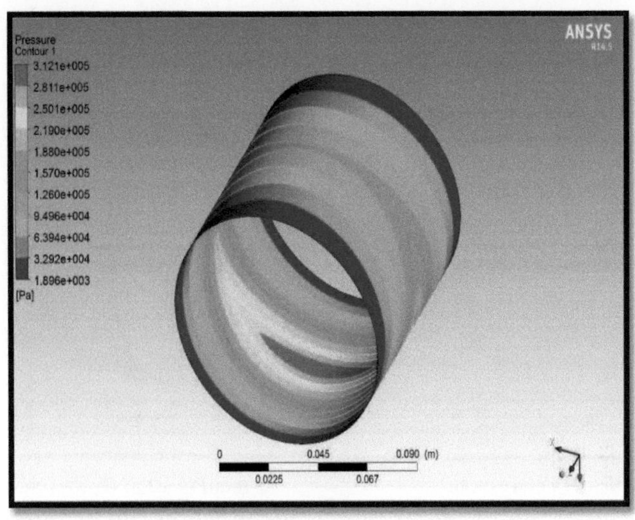

Fig 5.2.6: Traçado do contorno da pressão

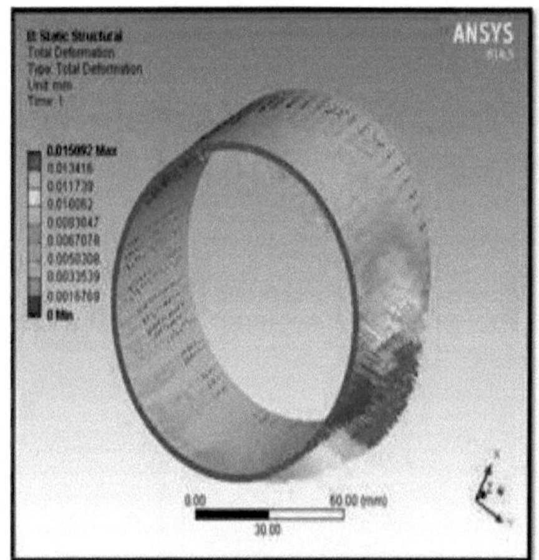

Fig 5.2.7: Gráfico de deformação equivalente

total**Fig 5.2.8: Gráfico de tensão**

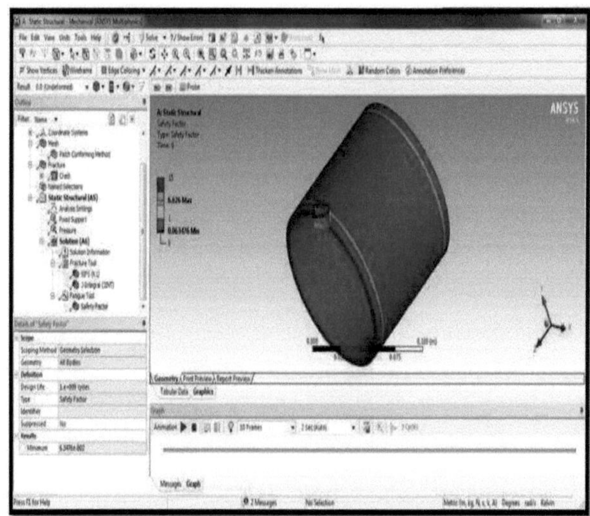

Gráfico do contador do fator de segurança

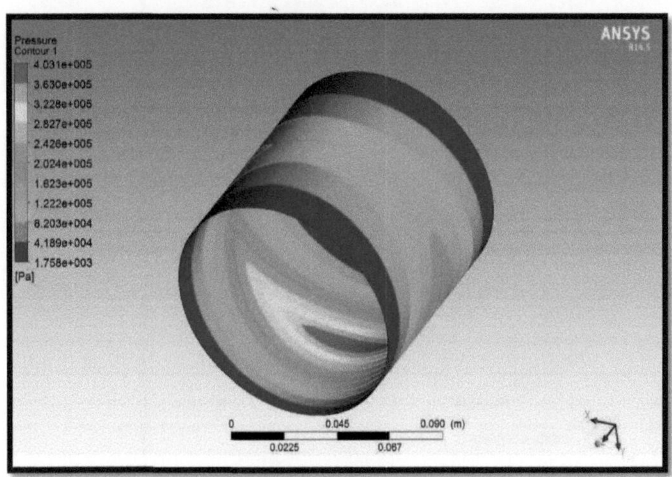

Fig 5.2.9: Gráfico de contorno de pressão

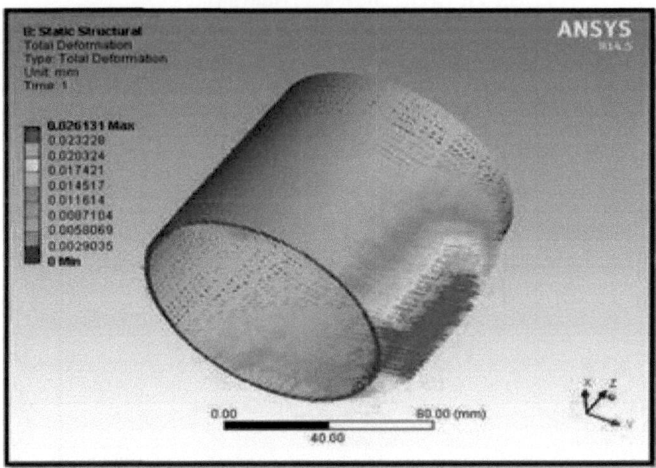

Fig 5.2.10: Gráfico da deformação total

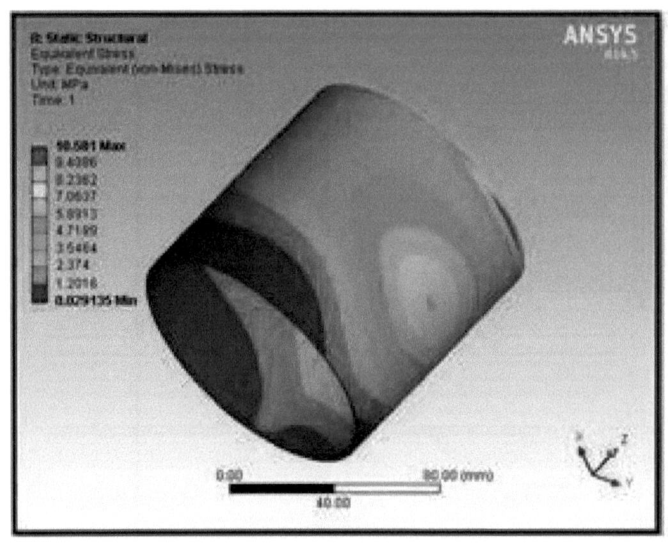

Fig 5.2.11: Gráfico de tensão equivalente

N

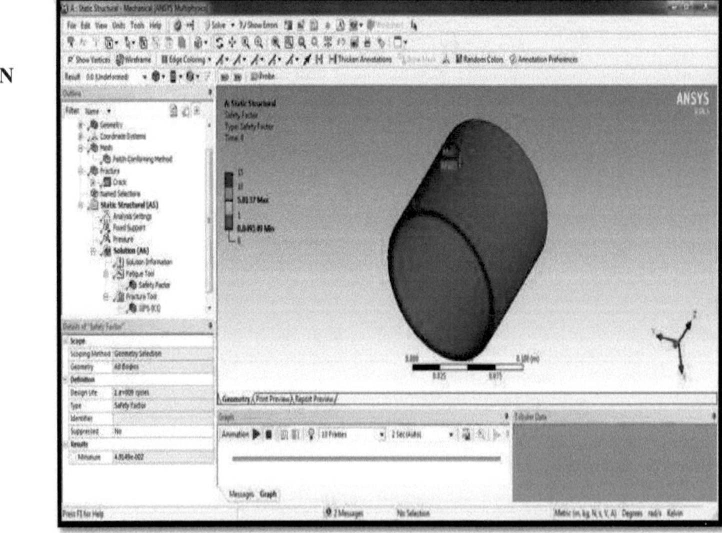

Gráfico do contador do fator de segurança

1.20   L/D =1,0 e ECCENTRICIDADE=0,9

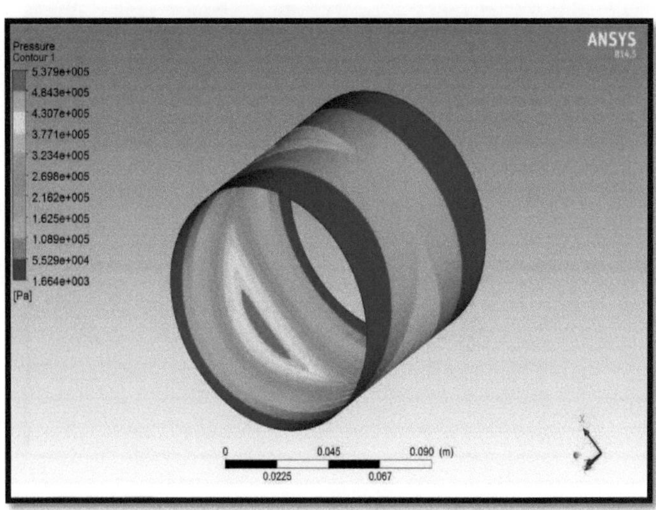

Fig 5.2.12: Traçado do contorno da pressão

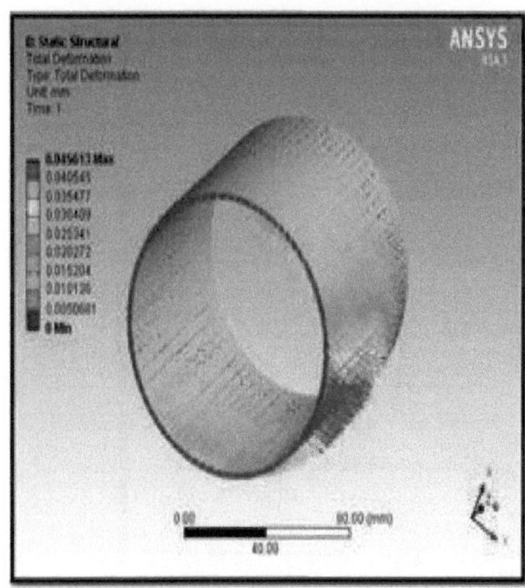

**Fig 5.2.13: Gráfico de deformação
de tensão equivalente**

totalFig 5.2.14: Gráfico

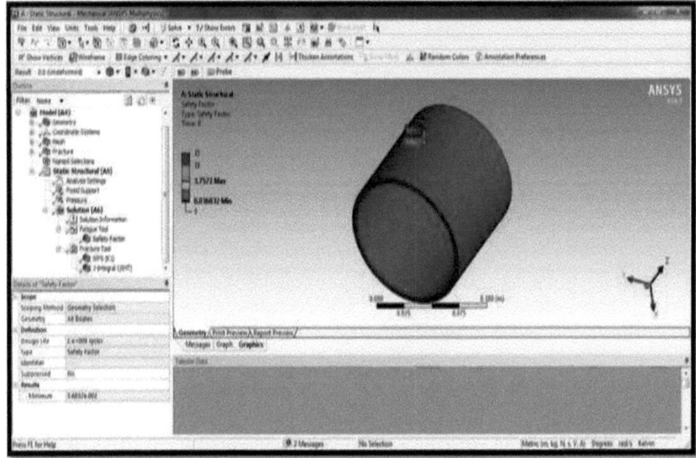

Gráfico do contador do fator de segurança

1.21   Caso 6.3: L/D =1,5 & ECCENTRICIDADE=0,3

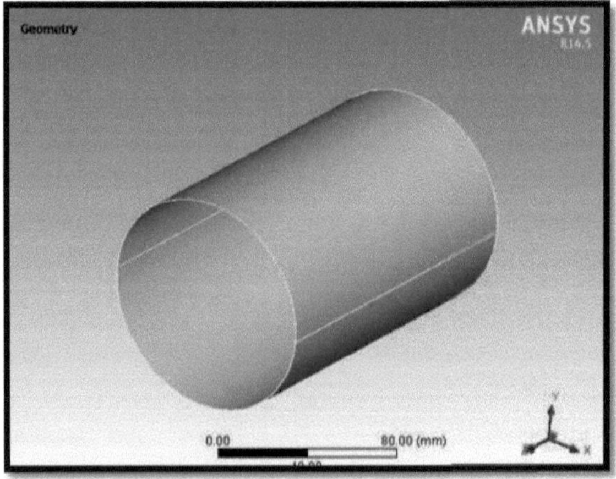

Fig. 5.3.1: Modelo geométrico da modelação

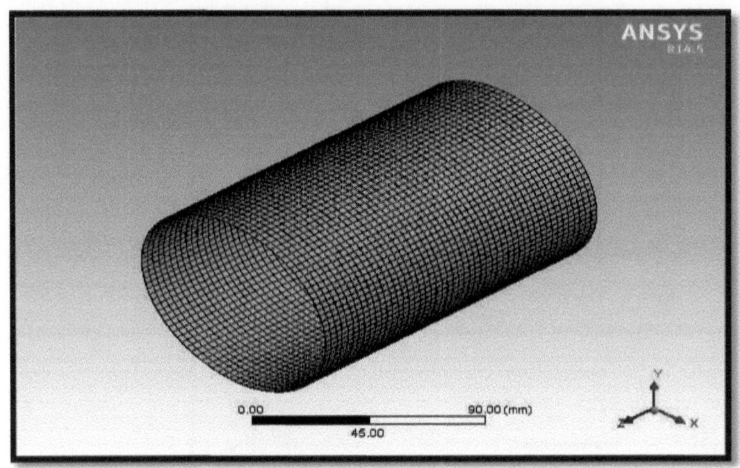

Fig 5.3.2: Modelo em malha

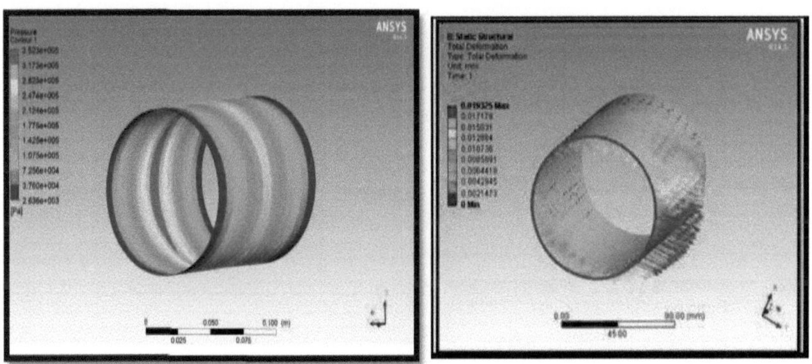

Fig 5.3.3: Gráfico de contorno de   **pressãoFig 5.3.4:**
Gráfico de deformação total

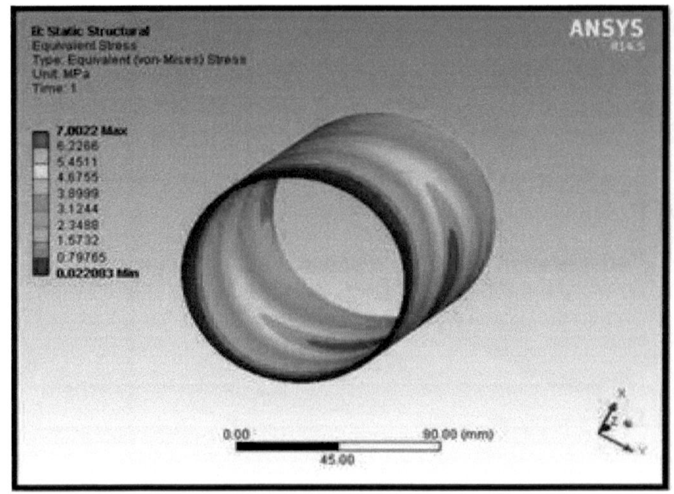

Fig 5.3.5: Gráfico de tensão equivalente

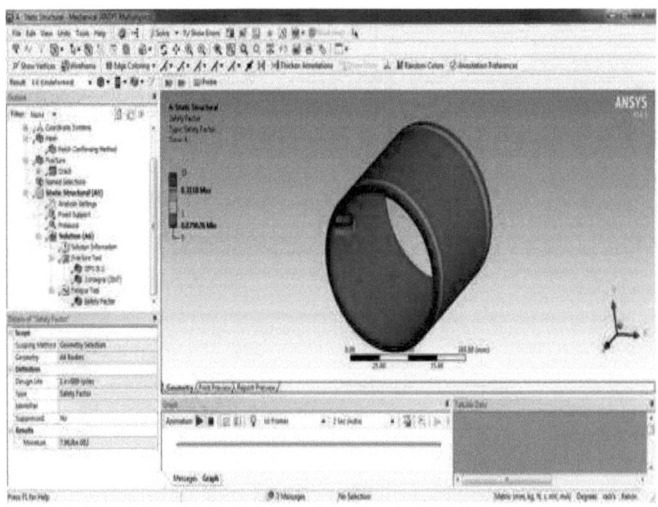

Gráfico do contador do fator de segurança

1.22   L/D =1,5 e ECCENTRICIDADE=0,5

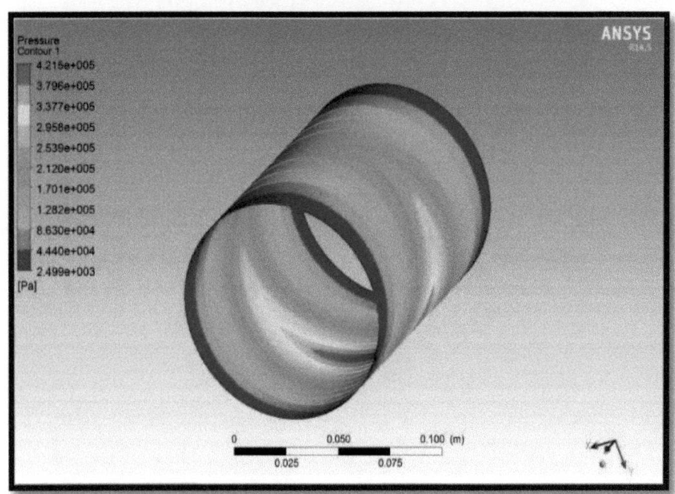

Fig 5.3.6: Gráfico de contorno da pressão

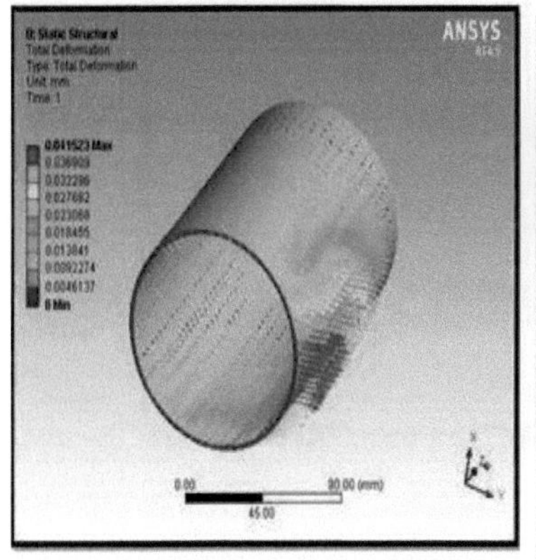

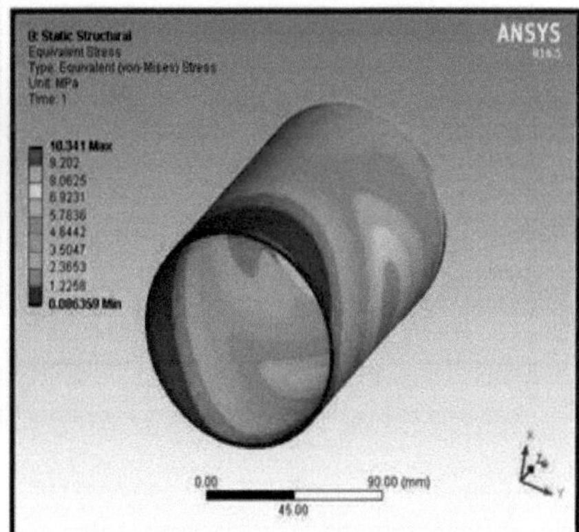

Fig 5.3.7: Gráfico de deformação   **totalFig 5.3.8: Gráfico de tensão**
equivalente

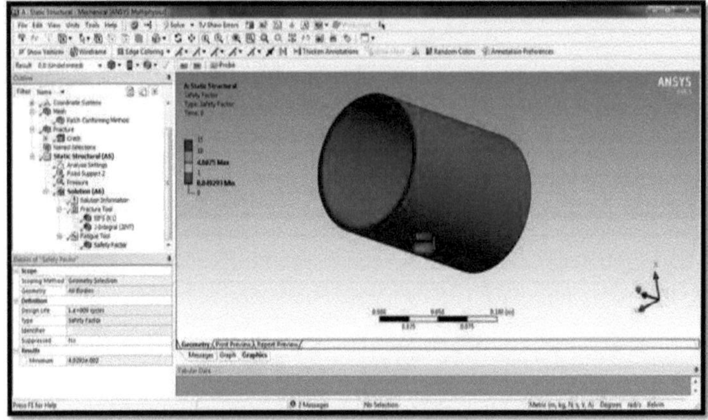

Gráfico do contador do fator de segurança

1.23   L/D =1,5 e ECCENTRICIDADE=0,7

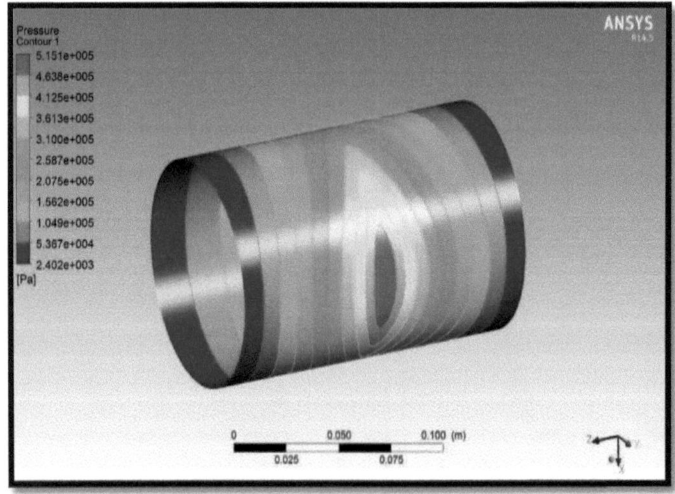

Fig 5.3.9: Traçado do contorno da pressão

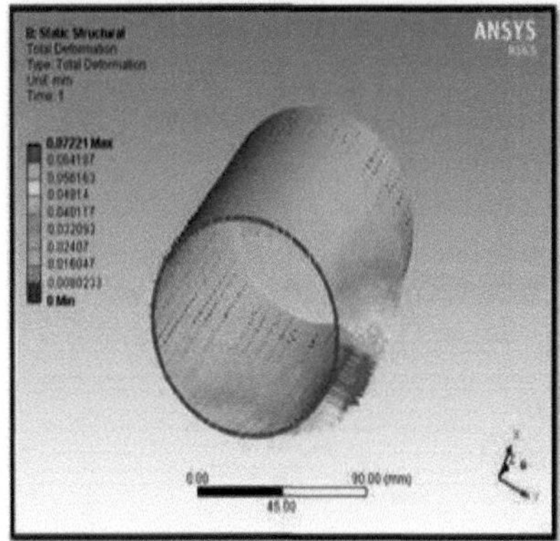 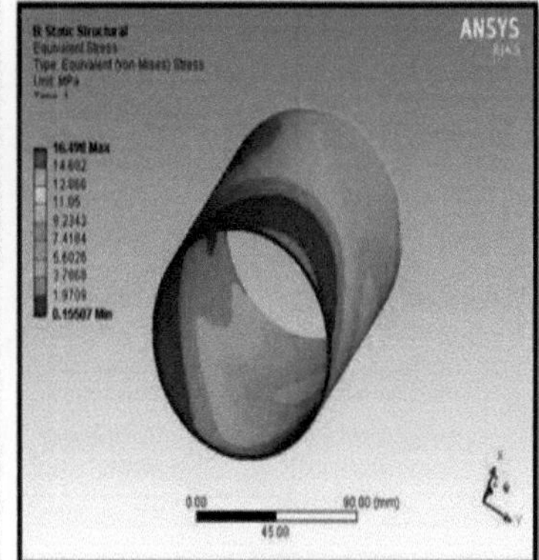

Fig 5.3.10: Gráfico da deformação totalFig
equivalente Segurança
gráfico do contador de factores

5.3.11: Gráfico da tensão

1.24   L/D =1,5 e ECCENTRICIDADE=0,9

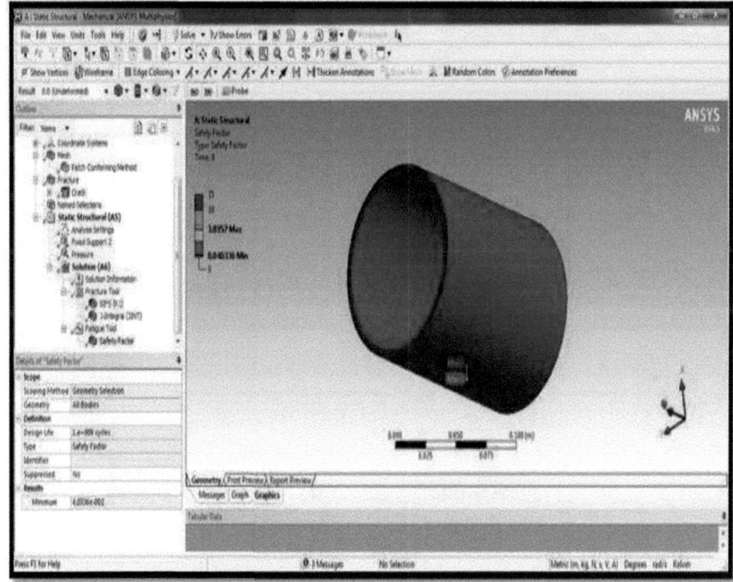

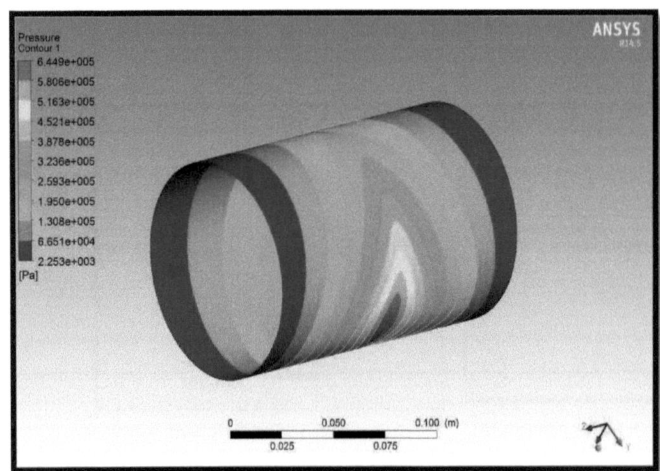

Fig 5.3.12: Traçado do contorno da pressão

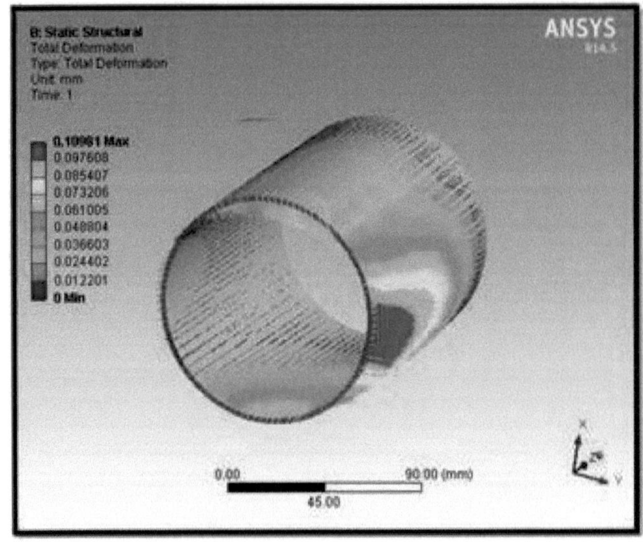

Fig 5.3.13: Gráfico da deformação total

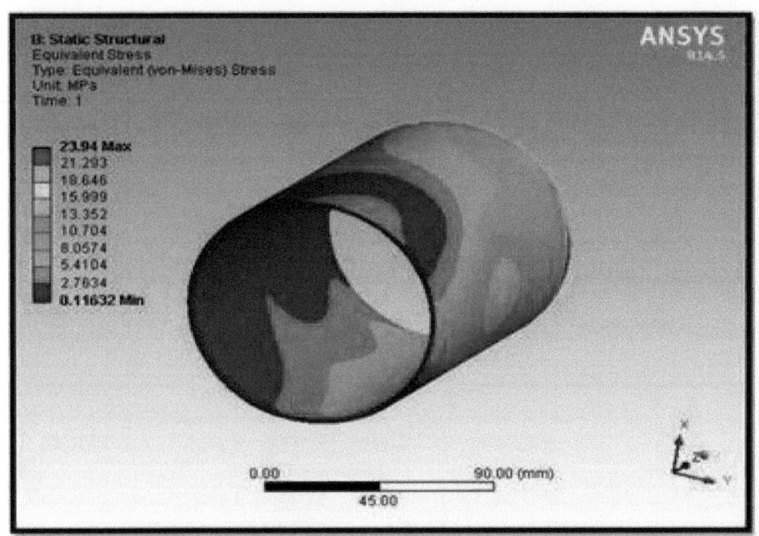

Fig 5.3.14: Traçado do contorno de tensões

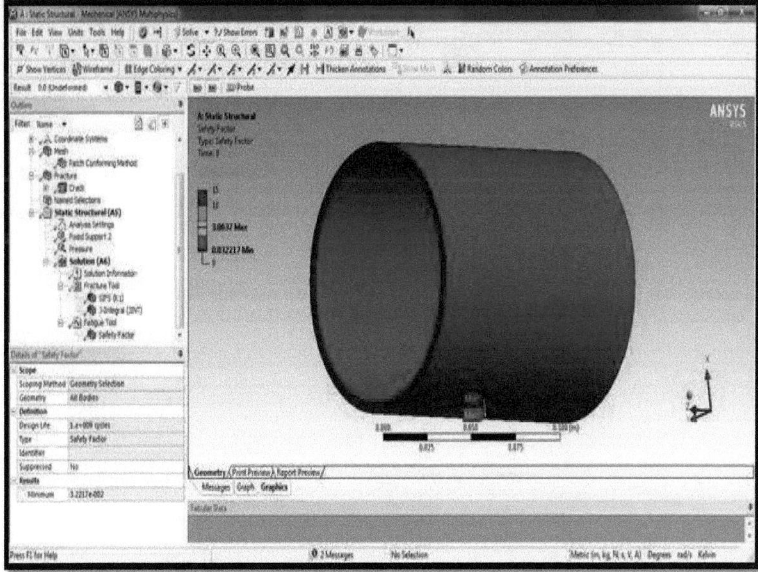

Gráfico do contador do fator de segurança

RESULTADOS E OBSERVAÇÕES

1.25 Quadro: QUADRO DE RESULTADOS DA CFD

L/D ratio	Rácio de excentricidade	Pressão (Pa)	Deslocamento (mm)	Tensão (MPa)	Fator de segurança	SIFS (MPa.mm $)^{0.5}$	Integral J (j/m $)^2$
0.5	0.3	1.49E+05	0.0029644	2.7608	2.8808	0.69192	0.002165
	0.5	2.066E+05	0.0053614	3.8927	2.0471	0.9594	0.0041632
	0.7	2.812E+05	0.0083703	6.1225	1.504	0.3058	0.0077125
	0.9	3.634E+05	0.010352	7.5886	1.1638	1.6875	0.012881
1.0	0.3	2.488E+05	0.0086261	4.8936	8.3118	2.7765	0.035012
	0.5	3.121E+05	0.015092	6.2448	6.626	3.4829	0.055095
	0.7	4.031E+05	0.026131	10.581	5.0137	4.4946	0.091745
	0.9	5.379E+05	0.045613	16.994	3.7572	5.9976	0.16337
1.5	0.3	3.523E+05	0.019325	7.0022	5.6082	3.7526	0.063953
	0.5	4.215E+05	0.041523	10.241	4.6875	4.4897	0.091545
	0.7	5.151E+05	0.07221	16.498	3.8357	5.4867	0.13672
	0.9	6.449E+05	0.10981	23.94	3.0637	6.8693	0.2143

5.4: GRÁFICOS

1.26   COM RELAÇÃO L/D =0,5 Vs ECCENTRICIDADE =0,2, 0,5, 0,7, 0,9

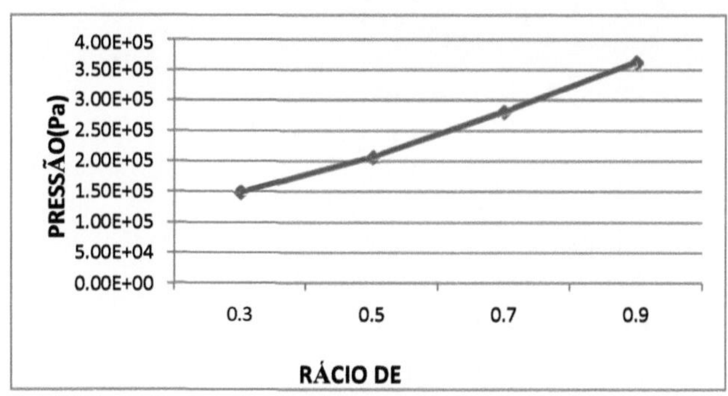

Fig. 5.4.1LOTE DE PRESSÃO Vs ECCENTRICIDADE

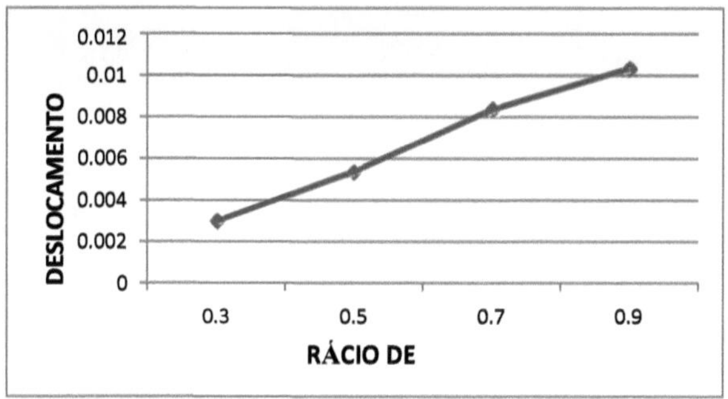

Fig. 5.4.2. PLOTO DE DESLOCAMENTO Vs ECCENTRICIDADE

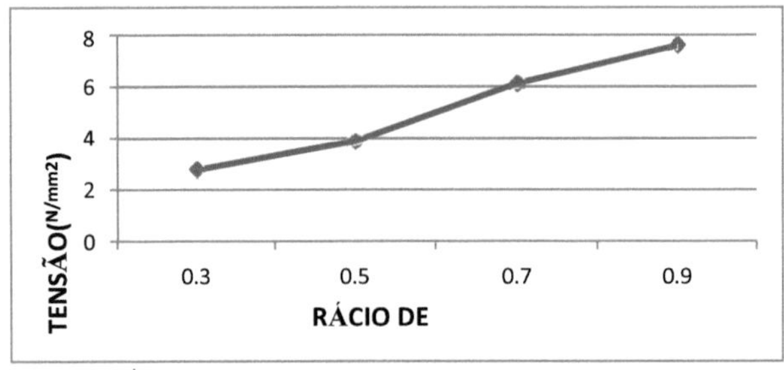

Fig 5.4.3 PLOTO DE ESTRESSE Vs ECCENTRICIDADE

COM RELAÇÃO L/D =1,0 Vs ECCENTRICIDADE =0,2, 0,5, 0,7&,9

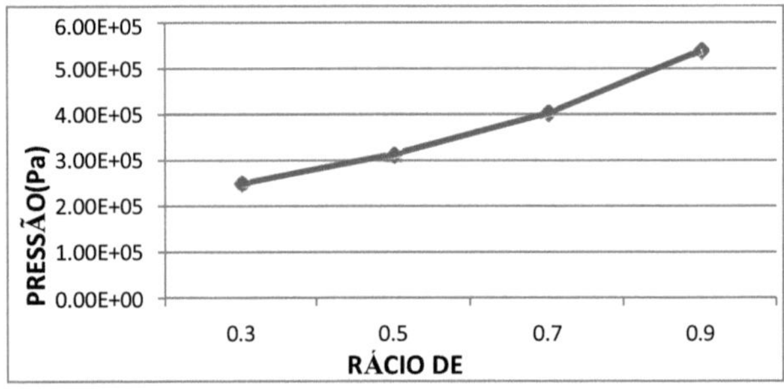

Fig. 5.4.4 PLOTO DE PRESSÃO Vs ECCENTRICIDADE

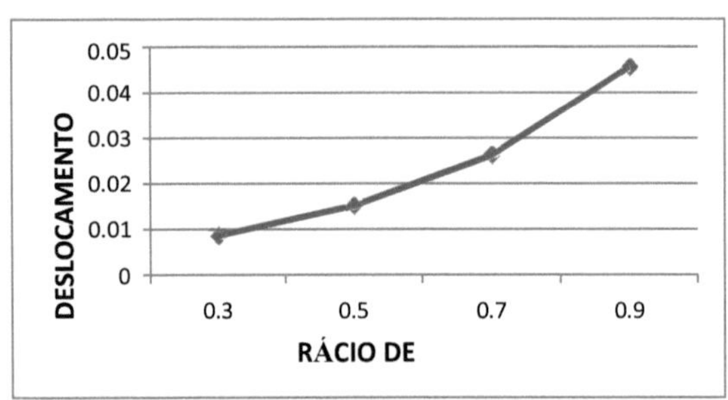

Fig. 5.4.5. PLOTO DE DESLOCAMENTO Vs ECCENTRICIDADE

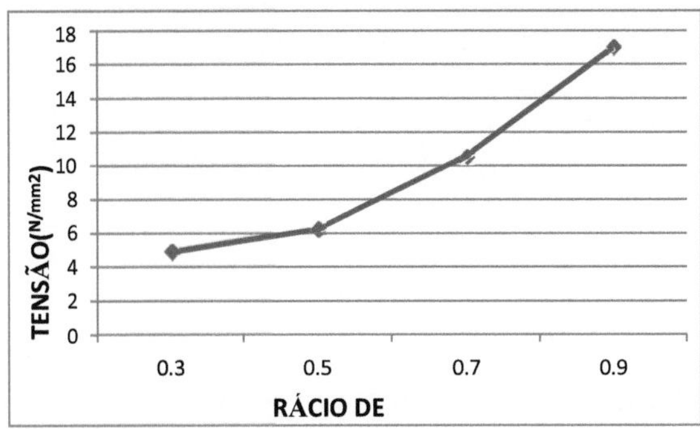

Fig. 5.4.6 PANO DE FORÇA Vs. ECCENTRICIDADE RELAÇÃO L/D =1,5 Vs. ECCENTRICIDADE =0,2,

0,5, 0,7&0,9

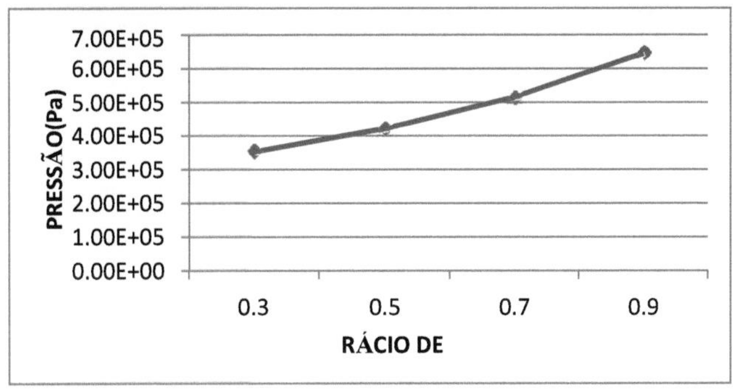

Fig. 5.4.7 PLOTO DE PRESSÃO Vs ECCENTRICIDADE

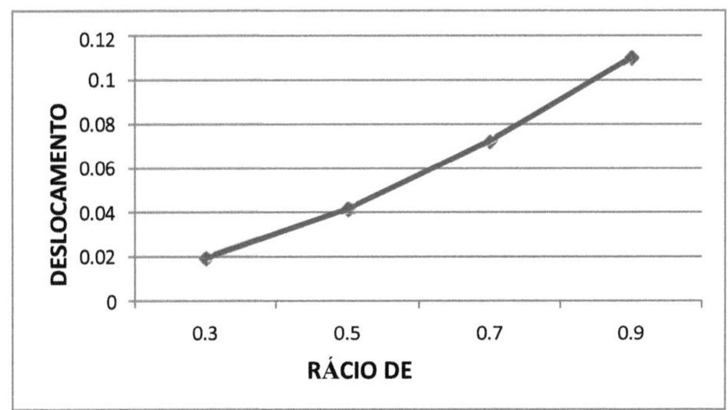

Fig. 5.4.8 Gráfico de dispersão em função da ECCENTRICIDADE

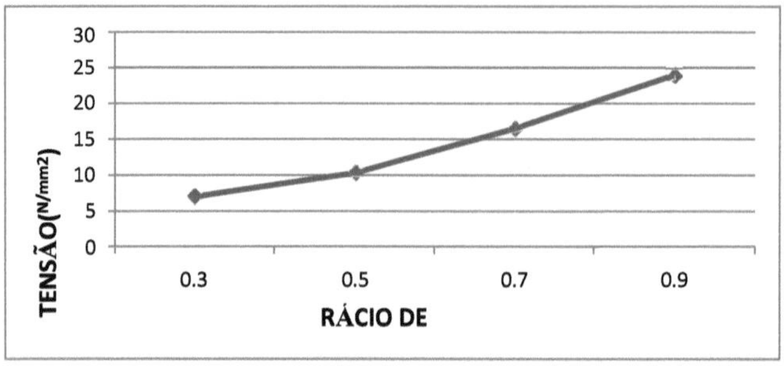

Fig 5.4.9 PLOTO DE FORÇA Vs ECCENTRICIDADE

1.27 GRÁFICOS DE COMPARAÇÃO DOS RESULTADOS PARA DIFERENTES RÁCIOS L/D

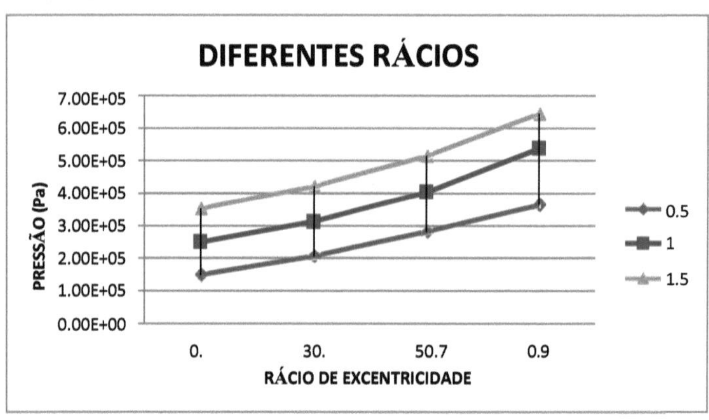

Fig 5.4.10 PLOTO DE PRESSÃO Vs ECCENTRICIDADE

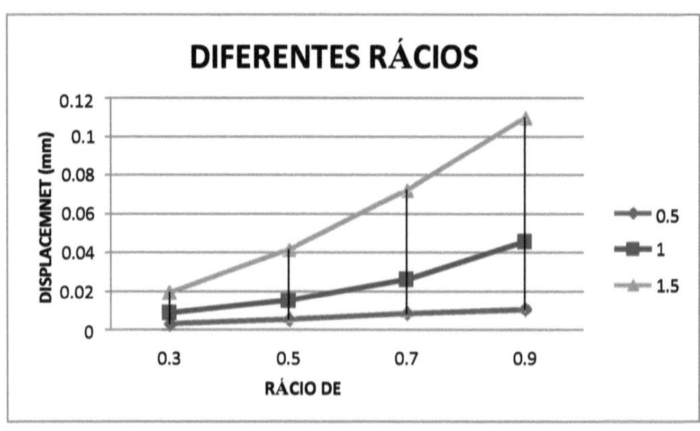

Fig. 5.4.11 Gráfico de dispersão em função da ECCENTRICIDADE

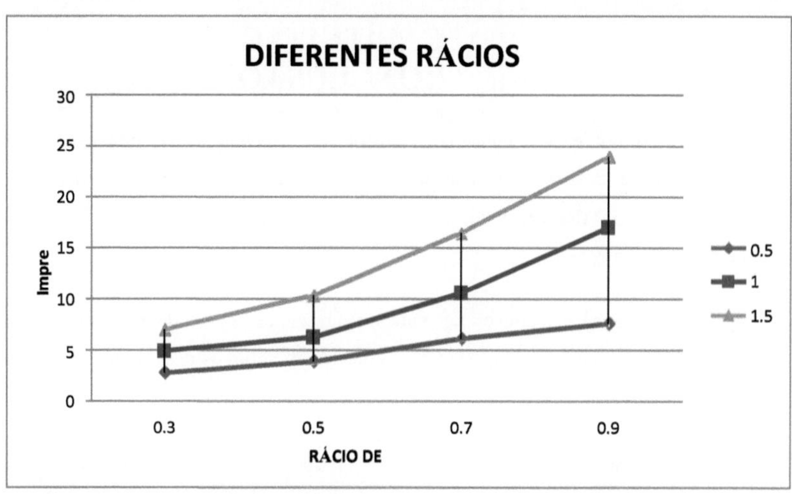

Fig 5.4.12 PLOTO DE FORÇA Vs ECCENTRICIDADE

CAPÍTULO 6
CONCLUSÃO

Foi efectuado um estudo numérico 3-D sobre o comportamento dinâmico transiente de chumaceiras de deslizamento lubrificadas com película fina. Foram utilizados modelos turbulentos no trabalho de simulação para estudar a capacidade dos modelos turbulentos na simulação de chumaceiras.

A pressão é aumentada através do aumento dos rácios L/D e do rácio de excentricidade, observando os resultados da análise CFD, aumentando assim os deslocamentos e os valores de tensão.

Através desta tese, é possível determinar a deformação e as tensões da chumaceira devido à ação de forças hidrodinâmicas que são críticas para o desempenho preciso do funcionamento das chumaceiras em condições severas. Observa-se que a chumaceira está significativamente deformada.

Os valores de tensão aumentam com o aumento da relação L/D da chumaceira, observando a análise estática. Tensão mínima da relação de excentricidade de 0,3, relação L/D de 0,5.

Referências

[1] A. Ouadoud, A. Mouchtachi, N. Boutammacht, "Hydrodynamic Journal Bearing," Journal Of Advanced Research In Mechanical Engineering ,Vol.2-2011/Iss.1, Pp. 33-38.

[2] Dinesh Dhande, Dr. D W Pande, Vikas Chatarkar, "Análise da chumaceira hidrodinâmica com recurso à abordagem de interação fluido-estrutura", Jornal Internacional de Tendências e Tecnologias de Engenharia (IJETT) - Volume4 Edição8- agosto de 2013

[3] B. S. Shenoy, R. S. Pai, D. S. Rao, R. Pai, "ElastoHydrodynamic Lubrication Analysis Of Full 360 Journal Bearing Using CFD And FSI Techniques," ISSN 1 746-7233, England, UK World Journal Of Modelling And Simulation Vol. 5 (2009) No. 4, Pp. 315-320

[4] K.P. Gertzos, P.G. Nikolakopoulos, C.A. Papadopoulos, Lubrificação por Bingham Lubricant", Tribology International 41 (2008) 1190- 1204 - dezembro de 2008

[5] S. Chaitanya Kumar, R. Ganapathi, "CFD Analysis on Hydrodynamic Plain Journal Bearing using Fluid Structure Interaction Technique", International Journal of Engineering Research & Technology (IJERT) ISSN: 2278-0181, Vol. 4 Issue 07, July-2015

[6] B. Manshoora, M. Jaata, Zaman Izzuddina, Khalid Amira, "CFD Analysis Of Thin Film Lubricated Journal Bearing," A Conferência Internacional de Tribologia da Malásia 2013.

[7] Jamaluddin Md Sheriff, Kahar Osman, Asral, "Effect Of Circumferential Groove Sinusoidal Waviness On The Load Carrying Capacity Of Journal Bearing With BioBased Lubricant" , 2010 International Conference On Science And Social Research (CSSR 2010), 5 a 7 de dezembro de 2010, Kuala Lumpur, Malásia [22] Marco Tulio C. Faria, " On The Hydrodynamic Long Journal Bearing Theory", Proceedings Of The World Congress On Engineering 2014 Vol II, WCE 2014, July 2 - 4, 2014, London, U.K.

[8] Huixia Jin, Weiming Zuo, "Simulação e cálculo da transferência de calor numa chumaceira com uma ranhura circunferencial central na zona de carga", International Journal Of Advancements In Computing Technology (IJACT) Volume5, Number1, janeiro de 2013

[9] Samuel Cupillard, Michel J. Cervantes e Sergei Glavatskih, "A CFD STUDY OF A FINITE TEXTURED JOURNAL BEARING", 24th Symposium On Hydraulic Machinery And Systems OCTOBER 27-31.

[10]   Amit Solanki, Prakash Patel, Bhagirath Parmar, "Formulação do projeto e capacidade de carga óptima da chumaceira hidrodinâmica com recurso a um algoritmo genético", International Journal For Res Earch In Ap Pl I Ed Sc I Enc E And Engineering Technolo Gy (I Jras Et) Vol. 2 Issue II, fevereiro de 2014 ISSN: 2321-9653

yes

I want morebooks!

Buy your books fast and straightforward online - at one of world's fastest growing online book stores! Environmentally sound due to Print-on-Demand technologies.

Buy your books online at
www.morebooks.shop

Compre os seus livros mais rápido e diretamente na internet, em uma das livrarias on-line com o maior crescimento no mundo! Produção que protege o meio ambiente através das tecnologias de impressão sob demanda.

Compre os seus livros on-line em
www.morebooks.shop

Printed by Books on Demand GmbH, Norderstedt / Germany